インプレスR&D［NextPublishing］

OnDeck Books
E-Book / Print Book

ベネマ集客術式
毎日1分 Web集客のツボ

Tiger（松本 大河）著

5年後も10年後も通用する、
戦略思考を学ぶ。

はじめに

前作『Web集客が驚くほど加速するベネフィットマーケティング「ベネマ集客術」』（インプレスR&D刊）が発売されたのは2016年3月。早いもので1年半以上の月日が経過しました。同書は、著者がWebマーケティング講義を講師として担当している東京都職業訓練校の指定教科書にも採用され、「Web集客マーケティングを初めて学ぶ者にも理解しやすいテキスト」として、手前味噌ながら広くご評価頂きました。

同書のプロモーションと読者様への補足の意味も含めて、発売直後より365日発刊のメールマガジン『毎日1分！ Web集客に効くツボ』をリリース。そのメールマガジンは、365日分の「Web集客マーケティング」コンテンツを周到に準備してからスタートしたわけではなく、ある程度の構想を準備しただけで、「とにかく365日毎朝、読者さんのお役に立てるWebマーケティング・ノウハウをお届けする！」を自分に与えられた“使命”と位置付け、ひたむきに毎日発刊を続けました。

その成果で、約18万字・原稿用紙換算で450枚にも及ぶ、膨大な「Webマーケティング辞典」並みのノウハウ集が積み上がりました。「これをメールマガジンのままで埋もれさせてしまうのは、本コンテンツに触れていない世の中のWebマーケティング担当者の皆様の機会損失」とまで思い上がり（笑）、出版企画に持ち込ませて頂いた次第です。

365日に渡って発刊したメールマガジン『毎日1分！ Web集客に効くツボ』は順不同な“オムニバス”でしたので、本書の発刊に当たり、読者の皆様が順を追って学べるよう、「マインドセット」「設計＆デザイン」「集客運用」「アクセス解析」そして、まとめとして「ブランディング指南」のそれぞれをテーマにした5章構成に再編集致しました。

各章末には、本書向けに書き下ろしたWeb集客マーケティング・コラムを掲載しました。最終章のコラムには、私が経営する広告制作プロダクション「株式会社パイプライン」によるWeb集客事例集を収録しています。

本書は、特にインハウス（社内体制）でWeb集客マーケティングを手掛けたい経営者様やWeb担当者様に手に取って頂きたく、出版させて頂きました。本書の活用の仕方として、「あぁすればこうなる」「この時にはこういう設定をすべき」という“目先のテクニック”や「設定方法」については、深く触れていません。「Web集客マーケティング」という現代型ビジネスにおいて、どんな戦略や視線そして視点を持つべきか、俯瞰した「指南書」という意図で記しています。ぜひ、5年後も10年後も通用するような、Web集客マーケティングにおける戦略思考を学び取って頂ければ幸いです。

目次

第1章　まずは心構え！Web集客のマインドセット

「マインドセット」を日本語訳すると、「価値観」「意識」「考え方」などがあるが、本書における「Web集客のマインドセット」では、「Web集客の心構え」と意図したい。

そもそも、あなたがWebサイトを構築し、運用するのは何のためなのか？　……そして誰のためなのか？　多くのWebサイトは、企業やビジネスパーソンが営利目的のために構築・運用を行なっているのは言うまでもない。だからと言って、「誰のために、何のために、あなたはWebサイトを展開するか？」の問いに対して「自社の利益のために」という答えを第一声に掲げるようでは、そのWebサイトの成功……すなわち「Web集客で成果をあげる」という"ゴール"は困難と言わざるをえない。

Webサイトとは、閲覧するユーザーがいてこそ成り立つコンテンツであり、そのユーザーたちは、決してあなたに利益を提供するためにサイトへ訪問しているわけではなく、あくまでも、ユーザー自身の利益や問題解決、要望や欲求の補完のために訪問しているという事実を忘れてはならない。

そのためにも、まずは「Web集客のマインドセット」によって、"ユーザー起点＆ユーザー視点のWeb構築ならびに運用"の礎（いしずえ）を学んで頂きたい。

1 ｜「サイトを開けば客が来る」は大間違い

●あなたのWebサイトは無名な路地裏レストラン

残念ながら、あなたのWebサイトは無名であることがほとんど。たとえば、路地裏のマンションの一室で、隠れ家的なレストランを経営していたとする。部屋の表札はおろか、看板も、呼び込み宣伝も、チラシも広告も打っていない。下手をすれば、友人知人にも知らせていない。その状態でお客さんが来るだろうか？　もし来たら、奇跡に近い。無名なブランドの無名なサイトだからこそ！　Webサイトへ大切なお客様に来ていただくためには、「どう知って頂けば、たどり着いてくれるのか？」を考える必要がある。そして訪問してくれた“せっかくのお客様”は居心地が良いように、つまりWebサイトの使い勝手が良いことが大切である。

2｜「繁盛」している店に、人は群がる

●満員御礼は「ウチもお願い！」の第一歩

街で行列を作るラーメン店を見かけることも少なくないと思う。行列するほどお客さんが来る、それすなわち、店主自ら語らずとも、並んで待ってまで食べたいと思うユーザーが、「ここのラーメンは美味い！」と証明してくれているということ。あなたが、ラーメン好きという設定、しかも時間には追われていない、という前提で、「行列ができるほどの人気店」or「いつみてもガラガラで客の少ない店」のどちらで食べたいと思うか？　おそらく前者の「行列ができるほどの人気店」ではないだろうか!?

Webサイトも一緒。やはりユーザーは人気のサイト、人気の企業にお願いしたくなるもの。だからこそ、せっかくあなたのWebサイトが活況なら、その盛況ぶりはキャッチコピーやサイト内ブログ、インフォメーションなどでユーザーに伝えるほうが有利である。

3｜来訪したユーザーはホスピタリティでもてなす

●ユーザーの滞在は、おもてなし次第

Webサイトにおいて、来訪ユーザー……とくに所縁もなく、何かの

きっかけでたどりついたユーザーは文字通り“お客様”。最大限の気遣いでおもてなししたい。ユーザーが求めている情報が分かりやすく整理された状態で用意されていることが重要だ。

- 気になることがあればメール、またはフォームで問い合わせられる。
- 電話で問い合わせたいのであれば、すぐに電話番号が目につく。スマホであれば、タップで“オン・スピードダイアル”すなわち、ボタン一つで電話が掛けられる。
- 資料が欲しければ即申し込める。購入で送料が気になれば、分かりやすいところに明記されている。

そうした“かゆい所に手が届く”をサイト上で怠りなく準備してこそ、ユーザーの満足度は確保できるのだ。

4｜想いなくしてビジネスなし

●理念が伝わってこそユーザーが共感する

残念ながら、この世知辛い世の中では、あまりにも利潤追求で「儲かれば何でもよい」というビジネスが横行しているように感じる。だが、そういう企業精神・体質のビジネスは、いつか淘汰されるであろう。いつかそういう企業が廃業へと追い込まれているのは、歴史が物語っている。健全なビジネスたるもの、企業、そして経営者の理念、すなわち「ビジネスにかける想い」を持っていてほしい。

Webサイトでのプロモーションも同じこと。「なぜWebサイトでそれを扱うのか？」「ユーザーにどんな楽しみ・問題解決・幸福体験、すなわちベネフィットを提供したいのか⁉」……そんな想いが「コンテンツ」としてユーザーに伝わって、「ユーザーの共感」が生まれて、その心理的な効果も手伝って「購買意欲」が生まれることを忘れてはいけない。「自分の会社が儲けたいから」という野心で満ちたWebサイトに、ユーザーがいつまでも気づかないわけがない。ユーザーに共感され、そして役立ててもらえるWebビジネスを目指していこう。

5｜ブランドとは？

●ブランドのルーツは家畜にあり！

Webサイトでのビジネスをスムーズに進めていくためには、「自社をブランド化する」という考え方が大切。では、そもそも「ブランド」とは何なのか？

「ブランド＝Brand」のルーツとは、放牧している家畜の所有権を識別するための「焼き印」。ノルウェー古語の「brander」＝「焼き印を付ける」が名称の由来と言われている。最初は単なる識別を行うための印であったが、やがて「出荷された家畜の質を証明するための識別印」となり、いつしか品質の証明、つまり信頼の証として「ブランド」が利用されるようになった。

現代では、ブランドと言うと、商標やロゴマークのことと混同する向きがあるが、「信頼の証」こそがブランドの原点。裏を返せば、「信頼される商品やサービスをお客様に提供したい」という“心構え”。この精神に「ブランドは宿る」と言えるのだ。

6｜打ち出しの要「ブランディング」とは？

●ブランドづくりを能動的に仕掛けるのが「ブランディング」

広告業界では「ブランディング」という言葉は日常に使われる用語であるが、零細企業の経営者に「ブランディング」と言っても、ピンと来ない方は少なくないようだ。

そもそも「ブランド」とは、「信頼の証」が原点であり、“カタチ”を持たないもの。その「無形の価値」を能動的に育てていき、ユーザーの目に分かりやすくしていく。つまり「カタチがないものに形をつけていく」……それが「ブランディング」である。

そして、ブランドは“待ち”の姿勢で企業や商品サービスに宿るものではなく、自ら「ブランドを創っていく」「ブランドを育てていく」という意識のもと、備わってくるものだ。ブランドが一朝一夕で備わるものでないことは言うまでもない。

自らの商品サービスを極限まで研ぎ澄ます努力をし、“努力の結晶”を愛顧してくれる「お客様」であるユーザーを大切にする。自社の利益ではなく、まずユーザーに等価交換の対価以上、すなわち付加価値まで提供して満足度を高める。他のユーザーにも伝えてもらう努力をする。自らが育てたブランドを損なわないように、商品サービスはもちろん、立ち振る舞いまで最大限に配慮する。そのたゆまぬ努力によって、あなたのブランドは、お客様に長らく愛顧される強い力をもつものだ。

7｜いまや有名なブランドも、はじまりはニッチ・ブランド

●一朝一夕では仕上がらない。それがブランドづくり

「自社や自分をブランド化する、と言っても、そんな簡単なことじゃない」と考える方も少なくないだろう。しかし、今日において大企業や一流ブランドと呼ばれる“ビックネーム”も一朝一夕にそのポジションを築けたわけではない。

今では絶大な地位を築いたApple社ですら、創業当初はガレージの一角で名もないベンチャーからのスタート。そして、著名になって以後も、当面はマニア層やクリエイター層などのプロシューマー（≒ハイエンド・ユーザー）に支持されるマイナーな存在であった。しかし、「誰もが直感的に使えて、ユーザビリティが高く、しかもデザイン的に洗練されている」という「徹底的なユーザー目線での開発」に注力し、コンシューマー（≒アベレージ・ユーザー）にも支持される製品開発やプロモーションと

ブランディングを行ったことで現在に至っている。

Apple社に限らず、今日絶大なファンに支持されるブランドは、はじまりはニッチ・ブランドであった事例は事欠かない。“ブランドは1日にして成らず”の精神で、育て上げていくことだ。

8｜信頼資産を積み上げよ

●「信頼」は「お願いしたい」への第一歩

第三者の誰が見ても明らかに「素晴らしい」と思える実績や成果を、私は「信頼資産」と呼んでいる。なぜ「資産」か？　それは、後々に収益につながる可能性が高い、形を持たない無形資産だからだ。

何かものを頼むときに、「この人にお願いしても大丈夫か？」の判断は、実績やサンプルを考慮することが多いだろう。その時に、何か賞を獲っている人や、数字的に平均を大きく上回る実績・成果を出しているならば「安心してお願いできる」となるだろう。

もし何かそういう「信頼資産」があるならば、Webサイトでアピールしない手はないし、むしろ何かを手掛けるときには、「どのようにすれば、第三者から見てキャッチーな実績となる成果に繋げられるか？」という考え方も必要だ。「信頼」は「お願いしたい」への第一歩なのである。

9｜ブランドづくりは1日にして成らず

●商売の“長さ”は信頼の証

よく老舗の飲食店や食品ブランドで「創業明治○○年」や「創業○○○年」「○代目☆☆」など、創業以来の歴史期間をアピールしているケースを見かけるだろう。この創業以来の歴史の長さも、“信頼資産”の一つと言える。それだけの長い期間、商売を続けられてきた、ということは、多くの人々に親しまれ、利用されてきたからこそ成せる成果だからだ。何かを比べる場合、「昨日今日始まったらしい、新しいブランド」よ

り「よく知っている、昔からのブランド」のほうが、「何となく信頼しやすい」と感じる人は多いのではないだろうか⁉

しかし、今は「信頼のブランド」としてポジションを築いているブランドであったとしても、創業時から信頼を勝ち得ていたわけではない。ビジネス・商売を続けて、長い時間を経て取引先やユーザーとコミュニケーションも含めた関係構築を積み上げてきたからこそ、今日の「ブランド」としての姿があるのだ。

もちろん単に時間を重ねれば良いというものではない。「一流のブランド」を目指す精神が伴っているべきである。その真摯な姿勢に、「信頼」がついてきて、やがて「ブランド」として人々の認知を獲れるまでに仕上がるのだ。

10｜個人ブランディングも徹底する

●「会社」ではなく「人」で売る時代

Webサイトでビジネスを展開する場合、商品となるのは、品物であったりサービスであろう。しかし、商品となるのは、商品そのものだけではない。あなたの存在や、人柄、キャラクター、そしてサービス精神も大切な商品である。保険だったり、車だったり、セールスマンの人柄が重要というのはよく聞く話だが、これはWebサイトでも同じである。だから会社そのもののカラー、すなわち「会社となり」も大切であるが、販売するあなたの「人となり」も非常に大切となる。つまりあなた自身が「ブランド」となっていく必要がある。

能動的に個人をブランド化していく考え方を「パーソナルブランディング」と呼ぶ。あなた自身の活動やWebサイト上でのメッセージやプロフィールも重要であるが、SNSでの発信も、もちろん「パーソナルブランド」の一つだ。SNSは、もはや個人のパーソナリティやコミュニケーション手段のみならず、「パーソナルブランディング」を左右するツールでもあるのだ。あなたの発言一つ一つの積み重ねが、あなた自身のブランドを、プラス方向にもマイナス方向にも積み上げていくことになるので意識して発信していきたい。

11｜ブランドの礎となるもの

●Webの集客性を高めるCIを能動的に手掛ける

Web集客を手掛けるには、まずブランド創りから。ブランドの礎を築くには、「CI」すなわち「コーポレート・アイデンティティ」を意識しておくことが必須である。CIとは、企業の在り方を具体的なカタチとして定義付けるべくイメージやデザイン、そしてメッセージとして存在価値を高めていく企業戦略をあらわす手法の一つ。CIの策定には、企業たるものの想い、即ち企業理念を明確にしておくことが大前提となる。

Webサイトにおいてユーザーが、競合ではなく、あなたのサイトから購入・利用を決定づけるCV（コンバージョン＝成約）動機には、あなたのサイトから“買う理由”が必要。そのためには、あなたがWebサイトを開設している理由、つまりあなたがビジネスを手がけている理由にまでさかのぼることが肝要である。もしユーザーが、あなたのその想いに共感すれば、CVの強力な後押しになる。いつのまにかブランドが出来上がっていた、という受動的な姿勢ではなく、CIを積極的に創り上げる意識で、Webを通じてビジネスを手掛ける想いをカタチにしていこう。

12｜CIをカタチにするクリエイティブ

●ロゴ・ブランディングは想いを表す有効な手段

CI（コーポレート・アイディンティティ）を、具体的なカタチとしてあらわす手段としては、ブランドとしてのロゴをしっかり持つことが必要だ。車のエンブレムにしても、アパレルの象徴的なモチーフにしても、ロゴが担う役割は大きい。一つには、ロゴがあることにより、ユーザーから認識されやすいという、外的要因も大きい。それと同時に、ブランドを担う、企業の一員として従事しているスタッフ側の認識であり意識、つまり内的要因としてもロゴが果たす役割は大きいと言える。

当社の事例でも、従来ロゴマークを持たなかった企業から依頼を請けて、ロゴマーク・デザインを手がける際に、そのデザイン策定において、企業内で「自分たちの象徴たるモチーフとは何か？」を模索するサポートをすると、「自分たちが何を手がけているかを見直す機会になった」「スタッフが一丸となるきっかけになった」というポジティブな意見が聞かれるケースが多数あった。

デザインは、時に色形を彩るだけでなく、発信する側の意識を高める強力なツールとなるのである。CI策定にロゴマークのようなクリエイティブを用いる手法を「VI」……すなわち「ビジュアル・アイデンティティ」と呼ぶこともある。

13｜零細ブランドが獲るべきポジションとは？

●“ナンバー1”ではなく“オンリー1”を狙う

“市場の弱者”とも言える零細ブランドが狙うべきポジションは、弱者が強者である大企業に対して優位に戦うビジネス戦略として有効なランチェスター戦略に則って、「小規模市場首位」を獲りに行きたい。その際には、「“ナンバー1”ではなく“オンリー1”を狙う」という戦略を採っていきたい。

ナンバー1ということは、ナンバー2もナンバー3も存在するということで、絶えず首位奪取の攻防戦を勝ち抜く必要があり、シビアな戦いを繰り広げることになる。その点、オンリー1の市場であれば、オンリー1である時点で首位、つまりナンバー1なのである。オンリー1なのだから、必然的にユーザーはあなたのブランドを選ぶことになる。

事業ドメインの策定においてUSP（ユニーク・セリング・プロポジショ

ン）……すなわち「売りとなる独自性を創る」ということは、「オンリー1を目指す」ということなのだ。もちろん全く競合が存在しない完全なブルーオーシャンはなかなか存在しないし、後発の参入を完全に阻むことは難しい。しかし、「自社のブランドはオンリー1である」という意識でWeb集客するのと、しないのでは、結果に大きな差がつくであろう。

14｜ワンウェイブ・ワンマン

●イチ早く先行者ポジションを獲るべし！

これは完全に著者“Tiger”の趣味の領域で申し訳ない。サーフィンにおいて、“One Wave One Man”という国際的なルールがある。簡単に言えば「1本の波に、乗れるサーファーは1人だけ」という意味。つまり、イチ早く波に乗ったサーファーが優先権を得る、というシンプルかつスマートなルールだ。

これをビジネスに置き換えて考えてみたい。やはりビジネス競争においても、先行者が絶対的なポジションを構築した場合には、先行者利益で大きなメリットを享受できる。もちろん、後続の参入障壁が高い、参入があっても寡占的な市場でダントツトップを死守している、という前提ではあるが。Web集客商戦においても、独自性を打ち出して独占的なニッチ市場を創り出す、先行者ポジションを奪取して首位を走るなど、ポジション獲りが大切である。

15｜弱者は勝ち易きを狙う

●「勝てない戦いはしない」というサバイブ思考

零細企業や小さなブランドに、敬意をこめて「弱者」という表現を使わせて頂く。巨大な資本を持つ大企業が「強者」という立場であるからだ。しかし、この「弱者」が国内企業の99％以上を占めるというのも事実。「弱者」の中にも大なり小なりは存在するが、特に“最弱”である零細企業やベンチャーは、「強者」と真っ向から勝負するのを避けるべきである。

企業の資本力を“兵力”に見立てるならば、「弱者」の兵力は、総力戦では「強者」に勝てないからだ。特に、価格や物量で強者に挑むのは、自らの首をじわじわと占める、避けるべき行為と言える。

「強者」が参入してこない、市場の“パイ”は小さくとも独占もしくは寡占的なフィールド、すなわち“ブルーオーシャン”を見つけ出し、「勝ち易きに勝つ」という戦略でビジネスを行うほうが利口と言える。「命あっての物種」と昔から言われる。企業においても、「存続がすべて」であることは言うまでもない。「勝てない戦いはしない」は、企業の身を護るサバイブ思考の一つである。

16｜あなたが1位であるべき理由

●1位は知られるが2位は知られないリスク

日本で1番高い山は富士山。これを知らない日本人は、まずいないと言っても過言ではないだろう。では日本で2番目に高い山をご存じだろうか？　日本で1番広い湖は琵琶湖であるが、2番目はご存じだろうか？
おそらく正答率は、著しく下がることだろう。

このように、何につけてもトップ、すなわち1位であれば、人々に認知・周知される存在となりえるが、2位だと、その存在が埋もれてしまうことが多々ある。

あなたがWebサイトでビジネスを行う場合、小規模市場でも良いので、何かのカテゴリやジャンルで1位を獲るべきなのだ。そうすることで、ユーザーにも想起されやすくなり、またバイラル（口コミ）でも伝えられやすくなる。

17｜弱者の味方○○○○○○○○戦略

●ランチェスター戦略で小規模首位を目指す

フレームワークの事業分析で見出したポジショニングや打ち出し方を、どうプロモーション戦略に落とし込むか？　これがWeb集客マーケティングにおいて成果を出すための命題となる。

「市場において勝てるか？」という角度での見通しが必要で、それはすなわち「ユーザーに購入して頂けるのか？」「競合より先んじて選んでいただけるのか？」という集大成となる。

あなたの会社が小さな資本力であれば、大きな資本を持った強力な競合とは真っ向から勝負すべきでない。数の論理では勝てないからだ。この場合、「小さな軍隊で大きな軍隊との戦でいかに勝利するか？」を論じた「ランチェスター戦略」の「弱者の戦略」論理が有効だ。決して大企業が乗り出してこないような小さな市場で、独占ないし寡占のトップを獲る。市場のパイは小さくとも、トップを獲ることであなたの会社のブランドは輝いてくるはずだ。

18｜ランチェスター戦略は絞り込みが鉄則

●あなただけの専門領域に絞り込むべし

弱者の立場になって、「いかに強者との直接対決を回避しながら巧く市場で“勝ち”を獲りに行くか!?」というランチェスター「弱者の戦略」は、まさに零細企業や小さなブランドの強い味方。強者である大企業や大資本と消耗戦になるほどの直接対決を避けるには、その強敵が魅力を感じないような小さな市場で、専門店・専門家としてトップに君臨することだ。専門化することで「○○と言えば☆☆」という想起イメージや、バイラル（口コミ）が生まれ、より集客率が高まるはずだ。

顧客の数自体は少ないかもしれない。でも、他に強敵がおらず、参入のリスクも少ないのであれば、市場をコントロールする権利はトップであるあなたにある。ユーザーの満足と付加価値を感じてもらえる前提のもとにおいては、ユーザー数が少ない分、高価格で利益率を補うことだってできる。その専門性と、高いユーザー満足度。そして人にまで薦めてもらえるバイラル性が備わるようになれば、あなたのWebサイトにはブランドが備わったことになる。

19｜零細は高価格戦略を採るべき理由

●薄利多売ではなく、“一粒万倍”を目指すべし

薄利多売の対義語表現は悩むところであるが、一粒の籾（もみ）が万倍にも実る稲穂になるという意味で、“一粒万倍”が当てはまるのではないか、と考えている。ランチェスター戦略に則ると、零細ブランドは薄利多売ではなく、“一粒万倍”を目指すべき理由がよく分かる。薄利多売でメリットを享受できるのは、大量生産や大量販売を行うことが可能な、大資本・大企業だからこその販売戦略だ。薄利多売戦略を零細企業が採り入れると、徐々に企業体力が消耗して、やがては“死”が訪れる未来が待っているので注意が必要だ。

これに対して、“一粒万倍”とは、「ひと粒の種から一万倍もの収穫を得ること」であり、少数顧客と高価格にて取引を行って収益を確保する「高価格戦略」を意味している。

高価格戦略を成立させるためには、当然ながら単に価格が高いだけでは成り立たず、ユーザーが納得する品質を持っていることが大前提である。廉価なコモディティ（普及品）ではなく、ユーザーが満足できる付加価値を有した一級レベルの商品サービス。ユーザーはきっと、あなたの商品サービスを使うことに誇りすら感じ、人に情報として伝達してくれることになる。零細ブランドは、小さい会社だからこそ、高価格でもユーザーに喜んで選ばれるハイブランドであるべきなのだ。

20｜地の利を活かし、強い武器で戦うべし

●ニッチ市場を創り出し、独自ポジションを獲る

ランチェスター戦略に則った弱者の戦い方の要点として、「地の利を活かして強い武器で戦う」という戦略がある。軍事で例えると、何も遮蔽物のない草原で一騎打ちするような戦場だと、兵力全体が強く、兵量が多い軍に軍配があがるのは必至だ。ビジネスであれば、コモディティ市場（普及品市場）においては、大資本企業に利があることを意味している。

ではどうすれば良いか？ 「地の利を活かして強い武器で戦う」のだ。もう一度軍事の例で言うと、狭い橋桁の上に誘い込んで、強い戦車を投入したり、森林に誘い込んで特殊訓練を受けた部隊が迎え撃つなど……。兵数ではなく、個々の強さで勝負できるフィールドで戦うのだ。

これをWeb集客の事例に戻してみると、たとえば、ニッチなキーワードで検索上位を獲り、「専門家＝スペシャリスト」という“強い武器”を活かしてポジション展開することだ。大企業が参入しないようなニッチ市場で、独自ポジションを創り出す。これがランチェスター戦略の基づく“小規模市場首位”の考え方だ。

21｜Web集客における接近戦とは？

●ユーザーとの接近戦で関係性を強化する

ランチェスター戦略において、弱者の戦い方に、「接近戦」という戦略がある。この場合は、競合との一騎打ちによって市場を制する考え方もできるが、あくまでも買い手顧客となるのはユーザー。Web集客における「接近戦」は、“ユーザーとの接近戦”が重要と考えたい。

SNSやメールマガジン、ブログなどのアーンド＆オウンドメディアによる情報発信、オフラインでのDMなど、取れるコミュニケーション手段は極力積極的に採り入れる。またユーザーから連絡があった際のレスポンス体制にも最大限の配慮をしたい。特に、ユーザーのスマートフォ

ンから電話連絡が入るような業態で、電話番号の位置が分かりづらい、もしくはタップ発信ができないなどは、離脱の要因となりえるので注意が必要だ。メールフォームで連絡が入った場合にも、極力迅速なレスポンスを心がけること。まずは自動返信機能を使って、メールは正常に受け付けていること、回答までにどれくらい時間を要するか、目安を明示するなど、ユーザーとの接近戦での“死角”を極力潰しておくことが大切である。

22｜弱者が勝つには“一点突破主義”

●ヒト・モノ・カネの総力集結で小規模市場を制覇せよ

「零細企業が、いかに大企業と消耗戦を回避しながらビジネス商戦を有利に展開するか⁉」を「ランチェスター」の「弱者の戦略」に則って講じてきた。ターゲット・市場にしろ、商品や価格決めにしろ、独自性のある打ち出し方にしろ、零細ブランドが採るべき戦略は、とどのつまり“一点突破主義”……つまりいかに“絞り込むか⁉”がカギであることが分かる。

企業における兵力とは、まず「ヒト・モノ・カネ」だ。弱者においては、この資源（リソース）をまず一極集中させて、強い武器を作る必要がある。強い武器を、零細として最も効力を発揮できる戦場、すなわちニッチ市場に投下する。強い武器を扱うのは、その武器の扱いに長けた専門家が、対象となるターゲットユーザーに向けて発射する。ランチェスター戦略に則った「一極集中の専門家打ち出しにより、小規模市場を総力集結で首位ポジションを獲る」これこそが、Webマーケティングにおいて零細企業が採るべき生き残り戦略だ。

23｜“変革”をもたらすことにより先行者利益を獲る

●「ライフスタイル・イノベーション」という起爆剤

日本のブルーオーシャン戦略の成功事例で、草分け的に有名なのは、ソニーの「ウォークマン」であろう。1980年代当初、一般的なユーザーの音楽機器の嗜好の中心は、リビング等に大型のコンポーネントを設置し、高機能&高音質を楽しむことであった。その主流と真逆をいったのが「ウォークマン」だ。機能や音質は、ハイエンドなレベルを省くことで、小型のポータブル機器に可能な限りコンパクトに凝縮し、「屋外を歩きながらもでも音楽が聴ける」という、新しい楽しみ方をユーザーに提供した。若年層を中心とする多くのユーザーが、「音楽を持ち歩く」という新たな楽しみ方に共感して、絶大的な支持を得たのだ。

「今までの生活にはなかった楽しみ方」……すなわち「ライフスタイル・イノベーション」であり、ユーザーの価値観に変革をもたらす付加価値である。巷(ちまた)ではポータブルカセットプレーヤーを総称して「ウォークマン」と呼ばれるほどの社会現象が巻き起こり、「ウォークマン」という商品のブランド化に成功したことにより得たソニーの「先行者利益」は相当なものであった。

「ライフスタイル・イノベーション」という起爆剤で、先行者利益を獲る。これはニッチ市場で独自ポジションを築いたパイオニアが得られる、何よりの恩恵であろう。

24 | 「いますぐ買う理由」を与える

●「いますぐ買う理由」はユーザーの背中を後押しする

何となく買い物をすることに罪悪感を持っているユーザーは少なくない。「貯蓄もしなくては……」「最近出費が多いし……」「これは浪費なのではないか……」「これは本当に買っても良いものか……」など、お金を使うことにメンタルブロック……つまり購入の心理的障壁を持っている人も少なからず存在しているということだ。ユーザーは「無駄な商品、自分の期待以下の商品を買うことで、大切なお金を失うという損失が怖く、嫌う」ものだ。

残念ながら、出費を抑えたいユーザーは、購入障壁となる心理的ブロックとして、“買わない理由探し”をすることで、“買わないで済む安心材料”を求めてしまうのだ。「欲しい気はするのだが、ここに気に入らない点があるから、諦める理由になる」……こんな感じである。

「買わない理由」の中には、「いま買う必要はない」という要素も含まれる。「いま買わなくても、いつでも手に入る」「念のため他のサイトも見てから……」「待てば安くなるかもしれない」など……「保留」する材料があることで、やはり購入のメンタルブロックを積み上げてしまうのだ。だからこそ、「いますぐ買う理由」を示してあげるのだ。

25 │「あなたから買う理由」を与える

●あなたは信頼できる専門家か？

ユーザーに「いますぐ買う理由」を与えるべきことはお伝えした。さらに言えば、「いますぐ」だけでなく「あなたから買う理由」も同時に大切だ。

「他の誰でもなく、あなたから買うのはなぜか!?」……その理由は、能動的にあなた自身が打ち出して行く必要がある。つまり「トップの専門家」としてのポジションに君臨することが大切だ。「この人に頼めば間違いない」という“信頼”を得るには「専門家」であることが、信頼の裏付けとして機能するからだ。

「専門家」であるためには、“自他共に認める……”という枕詞が必要。そして“他が認める”ためには、何か客観的に示せる専門家としての実績やメディア掲載歴、権威の推薦などが必須だ。専門家として認められる「信頼実績」を、いかに積み上げて行くか？　信頼実績が積み上がれば「あなたから買う理由」のキーポイントとなる。やがて、「他でもないあなたから、今すぐ買う理由」にまで進化することだろう。

26｜Webサイトでの購入の決定材料とは？

●ユーザーはイメージしか決定材料がないと認識すべし

ユーザーがWebサイトで購入を決定する場合、すでに購入実績があるというリピート購入や、もしくは実物を見たことがあるという“確認実績あり”の商品を除いては、「おそらくこんな感じだろう」という「イメージ」を購入決定の材料にするしかない。この前提をまずは認識しておく必要がある。だからこそ、商品販売のサイトなのであれば、極力詳細ディテールが分かる写真を多角度から撮影して掲載すべきだし、解説テキストもできる限り事細かに記載すべきだ。

一部の心ない事業者による「ステルスマーケティング」（企業がそれが宣伝であると消費者に悟られないように宣伝活動を行うこと）や自演行為により、信憑性が下がったと言われる「ユーザーレビュー」や「お客様の声」だが、やはり、ユーザーが購入判断する好材料という地位には変わりはないものと考える。

そして、よい「声」を頂くには、商品に満足頂くことはもちろんだが、「サービス」にも満足頂くことで、トータルでのCS（カスタマー・サティスファクション＝顧客満足度）を得られるようにしたいものだ。

27｜「売り方」を考えていては売れない

●「買って頂き方」を考える

多くのWebサイト設計で陥りがちなミス。それは「売り方」を考えてしまうことだ。もちろんビジネスである以上、「販売戦略」「販売プロモーション」など、“いかに売上を確保するか？”という施策を考えるのはビジネスとして当然であるが、“考え方の角度”が大切だ。売り手側の目線で「売る」という考え方に立つのか、買い手側の目線で「買って頂く」という考え方に立つのか。これによって、Web設計にも大きな差が出てくる。

「買う」という行為は、ユーザー側の行動であり、さらに言えば「買うかどうか？」はユーザーが決定することだ。だからこそ「どうしたら売れるか？」ではなく、「どうしたら買って頂けるか？」という角度で施策を考えるのが正しい在り方だ。

28｜「買って頂く」をWeb集客に落とし込む

●ユーザー視点で、ユーザーの「自分事」に仕立てる

Webサイトでのユーザー訴求で大切なことは、いかにユーザー自身が“自分事”に感じてコンテンツや商品サービスに共感してくれるかがポイント。Webサイトを見て「そうそう、サイトが薦める“こんな方へ”は、まさに自分のこと！」「これこそ、まさに自分が探していた商品サービス‼」と、Webコンテンツを「自分のこと」としてイメージを重ね合わせられるかが肝要。

したがって商品販売においても、「ユーザーが自分自身のために、何をどう買いたいか？」という目線で、コンテンツや販売までの導線を設計することが必須である。商品サービス力はもちろん、サイトのユーザビリティ、購入後のユーザーのベネフィットや付加価値、そして購入するWebサイトに至る導線としての広告文。どのように訴求し、どのように“購入決定”につながる期待を持っていただくか？　総合的に設計デザインしていくことだ。

あくまでもユーザー視点に立つ。これが成果を出せるWeb設計の基本的な考え方だ。Webサイトで売る商品のことを考えるのではない。あくまでも商品を買って頂けるユーザーの姿、そしてそのユーザーが得られる恩恵であるベネフィットを考え抜くことだ。

29｜Web集客攻略の肝！ベネフィットとは？

●ベネフィットこそ、成約へ誘導する最大の武器

Web集客を成功させるには、「Webサイトで、いかにユーザーにベネフィットを感じさせるか？」この一言に尽きる。ベネフィットとは、辞書的な硬い表現では「便益」を表し、Web的な意訳をすると、ユーザーが得られる恩恵や体験、過ごすことができる幸福な時間などをあらわすもの。つまり、「ユーザーがWebサイト上での商品購入やサービス利用で、どれだけのメリットや付加価値を得られるか？」ということ。

たとえば、女性のダイエットでの事例で言うと、「○キロ痩せた」というのは、あくまでも結果や実績に過ぎない。このユーザーが「痩せたい」という願望を持つ本質は、数字的な結果よりも「痩せたことで綺麗になったと言われたい」「着られなかった憧れの服が着られるようになりたい」という“自分自身の近未来の幸せ願望”に期待しているのである。つまり「自分事」における恩恵への期待ということだ。

よって、ダイエット事例で言えば「綺麗になって今までの自分より幸せな時間を過ごせる」……これが“自分事ベネフィット”となる。このベネフィットに期待を寄せて、ユーザーは購買や利用を決定するのだ。ベネフィットは成約へ誘導する最大の武器である。

30｜先行者ブランドから学ぶ その1

●ライフスタイルを付加価値として提供する「ネスプレッソ」

「ネスプレッソ」は、カプセル型のカートリッジに、挽きたてのコーヒー豆が真空パックされていて、スイッチ動作1つで、美味しいエスプレッソやカプチーノを手軽に楽しむことができる製品だ。カプセルがカラフルでバラエティに富んでいる。そしてマシン自体もお洒落である。さらに「ネスプレッソ・ブティック」は、店舗のつくりや、接客も洗練されている。

つまり、「ネスプレッソ」は「美味しいコーヒー」を提供しているだけではない。「お洒落にコーヒーを楽しむ生活」、すなわち「ライフスタイル」を提供しているのである。
●参考 「ネスプレッソ」https://www.nespresso.com/jp/ja/home

【ブランディングからWebマーケティングに活かす学び・その1】
「サービス提供の先に、付加価値として何を提供できるかを考えよ！」

31｜先行者ブランドから学ぶ その2

●一杯2,000円でも選ばれるうどん「つるとんたん」

うどんと言えば、そばとならび、日本の庶民フードの代表格。立ち食いなら200円程度から、店舗で食しても600〜800円くらいが相場ではなかろうか。

一方「つるとんたん」という店舗では、最安値のうどんメニューでも900円ほど。つまり、一番廉価な商品でも、相場の最高値を付けているのである。平均的なメニューは1,200〜1,500円ほどで、トッピングを付ければ、すぐ2,000円に達してしまう。それでも、常に行列ができるほどの高人気は、ユーザーの認知とニーズがあるからだ。これこそが「選ばれる力」である。
●参考 「つるとんたん」http://www.tsurutontan.co.jp/

【ブランディングからWebマーケティングに活かす学び・その2】
「高価格でもユーザーを納得させる、選ばれるブランドであれ！」

32｜先行者ブランドから学ぶ その3

●行列ができるジャパニーズ・スイーツ「麻布かりんと」

「麻布かりんと」は、麻布十番に本店を置く、日本の銘菓「かりんとう」のブランド。バラエティに富んだ「かりんと」（「麻布かりんと」では、「かりんとう」を「かりんと」という商品名シリーズで名付けている）の種類は、優に50種を超える。その美味しさと、種類の豊富さから、百貨店では注文会計に行列ができるほど。
「かりんとうと言えばどこが美味しい？」と聞けば「麻布かりんと」と想起されるブランドである。そして、このブランドの商品の本質は「かりんと」に絞り込まれている。つまりバリエーションこそ数十の種類を発売しているが、商品自体は「かりんと」1種で勝負しているのだ。ここに盤石なブランドの強さの秘訣がある。

ある特定した品種・サービスでシェア・ナンバー1を獲れば、すなわちナンバー1のブランドなのである。

●参考 「麻布かりんと」http://www.azabukarinto.com/

【ブランディングからWebマーケティングに活かす学び・その3】
「徹底した絞り込みが、想起と口コミを生みだし、ブランドになる」

33｜運用をサポートしてくれるパートナーを選ぶ

●Web集客はパートナー選びから

Webサイト制作を外注でアウトソーシング依頼する企業は多いと思う。では、その選定基準はどうするべきか？　その基準は、「制作だけでなく、集客運用まで責任をもって手伝うパートナーを選ぶべき」である。なぜなら、Webサイト制作は「このWebサイトのユーザーは、“きっと”こんなユーザーで、“おそらく”こういうアピールをすれば、問い合せ・申し込みの反響がある“だろう”」という「仮説」に基づくもの。だから、「Webサイト制作は行うが、集客や運用はお客様独自で、もしくはマーケティング会社にお任せで……」という制作会社は、私見ではあるが無責任と考える。

もっとも、「あくまでもデザイン、すなわち“絵付け”のビジュアルデザイン制作会社です」と割り切ったプロダクションも少なくないのも事実だが……。集客に成果をあげたい、そのマーケティングを社内の自力で仕切れるノウハウがないのなら、運用をサポートしてくれるパートナーを選ぶべきである。

34｜プロの意見に耳を傾ける

●ポジショニングと競合優位性はプロモーションの生命線

制作サイドの意見として、しばしば聞かれる意見として耳が痛いのが「クライアントに言われたままにWebサイトを作った結果、成果が思わしくない」というものがある。たしかに発注するクライアントの意向に沿うのはビジネスとして当然のことではあるが、発注するクライアントとしての自社見解が業界内でのポジショニングや、競合と戦う中にあっての優位性に勝っているのか？　よく検討する必要がある。

特にWebサイトで前面に打ち出す企業としての価値や強味が、ユーザーにとってのメリットになりえるのか？　それはWebサイトというメディアで伝わり易いことか？　さらにユーザーが競合と比べた際に、競合の強みを上回るだけの“惹きの強さ”を持っているか？……を考えてみよう。

デザイン制作だけでなく、Web集客マーケティングを重視した制作のプロは、上記の“打ち出すべき強み”を汲み入れて設計を行うものだ。もし、あなたの打ち出し方の要望に制作会社が異を唱えるようであれば、その理由や代替意見に耳を傾けてみよう。

35｜制作会社任せにしない

●いかに相手が制作プロでも、“任せきり”では伝わらない

たまに制作を依頼されると、「全てお任せするので、売れるように“よしなに”制作を進めて頂きたい」というお話を頂くことがある。当社のスタンスとしては、クライアントとディスカッションを徹底的かつ綿密

に行うことで、“集客できる設計とコンテンツ”に仕上げていくスタイルなので、その意義を伝えてご理解いただくようにしているが、発注側のスタンスとしても「制作会社にすべてを任せきりにする」という進め方は推奨できない。

また、廉価なWebデザイン制作会社にありがちな進行であるが、テンプレート的なヒアリングシートを用意されていて、1回ディスカッション（なかには非対面式な制作会社も……）したきりで、あとはクライアントが原稿を全部考えて、制作が進んでしまうプランも、ちょっと考えなおしたほうが良い。

冒頭で述べた「制作会社に任せきり」も非常にリスキー。なぜかと言えば、いくら制作のプロでも、対面ディスカッションの詳細ヒアリングと、仮設計から最終的な落とし込みまでのプロセスで、制作サイドとクライアントサイドの合意なしで進めるのは無謀だからだ。その進め方では、あなたの会社や商品サービスの魅力や価値を、ユーザーに納得して共感してもらえるまでのコンテンツに仕上がるわけがない。せっかくWebサイトを作るのだから、制作サイドと“二人三脚”で、集客成果のあるサイトを創り上げる努力をしよう。

36｜イキイキした表情は会社の看板

●接客するのは「人」……会社の顔である

当社で多くの企業のWebサイト制作で推奨すること。それは「人」……つまり「スタッフ」の存在を前面に押し出すことである。「企業」対「企業」で仕事をする場合でも、最終的には「人」対「人」の取引に他ならない。「どんな人がサービスを提供してくれるのか⁉」は、時に商品の「品質」と同等以上に重要な役割を果たす可能性もある。それが「サービス品質」の証明であり「会社となり」になるからだ。「こんないかにも熟練技術がありそうな職人さんがつくっている」「いかにも誠実そうなサービスマンが揃っている」「真剣なまなざしで現場で仕事をしている」……そんな姿は、Webサイトにおいて重要な信頼情報になるのだ。

実際に当社がスタッフの集合写真や個別プロフィールの掲載を推奨した企業の成果を聞くと、「お客様から問い合わせを頂いた理由」に「スタッフの皆さんの顔が写っているので安心して問合せができた、信用できると思った」という声は少なくない。「イキイキしているスタッフの姿」……企業にとってかけがえのない誇るべき資産をお客様に見て頂かない手はない。

37 | 1つ買ってくれた顧客に2つ目を買って頂く

●「アップセル商法」は盤石なビジネスの王道

ビジネスコストで、収益を大きく左右する要素の一つに、「顧客獲得費」が挙げられる。Webマーケティングで言えば「SEM」(サーチエンジンマーケティング＝Web広告)の中の指標で「CPA」(コスト・パー・アクイジション＝顧客獲得単価)が該当する。

顧客獲得単価が最も高額となるのは、顧客の最初の獲得時。その顧客が「リピート客」として定着して頂ければ、囲い込みと顧客満足度をキープするために販促プロモ費は掛かるものの、初回の獲得時ほどのコストは掛からない。つまり、「一つ目を買ってくれるお客さま」を探すよりも「一つ買ってくれたお客さまに、次の商品をもう一つ買って頂く」ほうがコストは低く抑えられる。

そして、一つの商品で満足しているお客様は、あなたの商品を購入する心理的ハードルは下がっているので、初回よりも高額の商品を購入することに抵抗は少ない。これが「アップセル商法だ」。

もちろん、満足度と、ブランドに対する求心力があればこその手法であることは言うまでもない。顧客の満足度(CS)が高いビジネスを手掛けよう。

38｜返報性の法則

●「今度は私がお返しする番」を育てる

心理学の用語に「返報性の法則」と呼ばれるものがある。「好意には好意で報いる」「受けた恩は返したい」「何かをしてもらったら自分も……」といった行動に見られる、“頂きっぱなし”の状態を避けようとする心理のことだ。特に礼儀を重んじる、日本の国民性からすれば、「良心があれば、お返しをしなくては、と考えるのがマナー」といったところだろう。

これは、何も個人間の日常生活上の話だけでなく、ビジネスの提供側とユーザー側にも同じことが言える。無料キャンペーンや、試供品プレゼント、有益な情報をいろいろもらい続けていると、ユーザー側にも「いつまでももらいっぱなしでは……」という心理が芽生えてくる。たとえば、デパート地下の食品売り場で、一つの店で薦められるがままに試食をしていると、「何も買わずに立ち去るのも、ちょっと気が引けるな」と思うのが人情だろう。試食した数が多ければ多いほど、なおさらだ。

Webサイトにおいても、この心理を応用する。何か無料で差し上げられる“ユーザーメリット”を用意するのだ。そのメリットが大きければ、ユーザーはあなたを信頼し、そしてファンになり、いつか“お返し”をしてくれるはずだ。

39｜ユーザーがリピートしない最大の理由

●サイトの存在を忘れられていないか？

あなたのWebサイトが、一度購入してくれたユーザーになぜリピートされないか？　もちろん初回の購入や利用で満足度が低かったという理由がない前提であるが、「あなたのWebサイトが忘れられている」という可能性も大きい。オンリー1のWebサイトや、求心力のあるブランド展開をできているサイトであればともかく、競合が多く汎用性のある商品サービス展開をせざるをえない業態では特に、「そこで買ったことを忘れている」というケースは十分ありえる。

では、「忘れられないためにはどうするか？」……。それはユーザーとの日々のコミュニケーションを大切にすることである。商品配送後のサンクスメールはもちろん、使用感の確認や、リピート購入＆アップセルのご案内、会員やリピーター向けのクーポンや情報メールマガジンなど……。ユーザーの満足度を高めて、「またここで買いたい」と思って頂くためにできること、やるべきことは山ほどある。ユーザーとのコミュニケーションを深めて、いかに接触頻度を高められるか？　これがリピートされるコツである。

40｜リリース後も惜しまず運用コスト、改修コストを投資したか？

●開設コストだけでなく、運用コストは投資と捉えるべし

Web集客にとって大きな勘違いとは、サイトを公開すれば自動的にザクザクとユーザーが来訪するという考え方をしてしまうことだ。もちろんそれが理想ではあるし、優良な顧客リストを保有していれば、メールマガジン告知などによって関連事業や商材などの新規サイトなどで、比較的集客は容易かもしれない。そういった半ば整備された集客導線がない、完全な新規Web集客では、多くの場合は、Web広告出稿やSEO対策、アフィリエイトやリストを購入してのマーケティングやFAXDMなど、何がしかのマーケティング施策を講じて、それによって初めてアクセスアップとなり、集客に繋がるものだ。

当然、開設以後の効果検証を経て、Webコンテンツや導線改修も必要となる。Webサイト開設のイニシャルコストだけでなく、運用のランニングコストが掛かるということである。

つまり「先」を見越してコスト予算を組む必要があるので、Web事業の立案時に、イニシャルコスト＋年間ランニングコストを試算しておくことになる。そのコスト費用以上に成果を挙げれば事業収支は見合うので、運用コストは投資であり必要経費と捉えるべきなのである。

41｜Webはオープンしてからが本当のスタート

●Webサイトオープンすなわちゴール、に非ず

Webサイトを創り上げると、それで一安心してしまう、という話をたまに耳にする。当社のクライアントにも、「プロに制作を任せれば自動的にお客さんが来てくれる」と思い込んでいた企業は少なくない。Webサイト制作の初期は、あくまでも仮説に基づいた設計で創り上げた、仮説のシナリオに過ぎない。

その仮説が正解だったのか？　正解だとすれば、その正解である成果をさらに最大化するには、どういう施策を打てるか？　逆に不正解だったならば、最短・最低コストで軌道修正するにはどういう施策を打つべきか？　ターゲット選定や打出し方、Webサイト設計から見直すのか？

一連の戦略立案・サイト制作・効果検証・改修反映を行っていくのが、成果の出せるWeb運用である。

コラム｜全てのWebサイトで意識したい、「ベネフィットマーケティング」

■ユーザーベネフィットとは？

Web設計の肝とも言える、「ベネフィット」についてお話をしていきます。

私の前作『Web集客が驚くほど加速するベネフィットマーケティング「ベネマ集客術」』でタイトルに使っている呼称「ベネマ集客術」とは「ベネフィットマーケティング」から派生させたオリジナル用語です。この「benefit（ベネフィット）」とは、辞書的な日本語訳をすると、「利益・便益」となります。この「利益」という言葉に焦点を当てると、金銭的な

利益をあらわすのは英語では「profit（プロフィット）」になります。金銭ではなく、ユーザーの“恩恵”になるような幸福体験や付加価値、これがベネフィットです。

Web集客においては「いかにユーザーに恩恵となるベネフィットを提供するか」……すなわち「ユーザーベネフィットの設計」が成果の肝となるのです。

■機能ではなくベネフィットを売れ！

具体的に身近な事例でお話すると、ダイエットの事例が分かりやすいでしょう。ダイエットでは、体重を減らすことが目的でしょうか!? ……そうではないはずです。体重を減らすことより贅肉を削いで、筋肉を付けることでカラダを引き締めて、「健康的なカラダを手に入れる」「かっこよくなる」が目的のはずです。

さらに言えば、ダイエットが成功すれば「昔は着られたけど、今は着られなくなってしまった服」が、また着られるようになるかもしれませんし、今までは着たことがないシルエットの服にチャレンジできるかもしれません。そして、痩せたあなたを見て、周囲の友人や同僚からも「痩せてスマートになったね！」「綺麗になった、格好良くなった」という高評価も、“耳に心地よい”ですよね！　そんな「セルフイメージが向上」することによって、自分に自信が付いてきますし、マインドの向上も手伝って姿勢も良くなるので、特に“人に見られる仕事”や“人と会う仕事”では、自然と仕事の成果にだって繋がります。

つまり、単に「痩せた」「たくましくなった」だけでなく、自分自身がポジティブになることで、あらゆる面でプラスになる……すなわち幸福体験を経て、痩せた実績以上の付加価値を得られるのです。

だからもし、ダイエット系の商品&サービスを売りたいとすれば、「○○kg痩せる」ということをアピールするより、「痩せてどんな自分になれるのか」「どんな生活に変わるのか？」……これこそ、ユーザーが期待を購買意欲に醸成するポイントとなるのです。
「自分が近未来に（ベネフィットによって）どんなハッピーな状態になっているのか」……これこそがユーザーの関心事であり、“自分事”です。つまり、商品＆サービスの機能や特徴だけで売れるわけでなく、ユーザーの“自分事”であるベネフィットで商品サービスが売れるわけですね！

■ベネフィットを導き出す公式

では、どうやってその「ユーザーベネフィット」にたどり着くか？
そのためには、まず事業ドメインをしっかり策定する必要があります。

事業ドメインの策定には、「絞り込んだユーザー」「ユーザーのウォンツ」「売りとなる強み（USP）」を導き出すことです。「絞り込んだユーザー」は「ペルソナ」とマーケティングでは呼ばれています。絞り込んだユーザーの、絞り込んだニーズのことを「ウォンツ」と呼びます。たとえば「何か飲み物が飲みたい」レベルが「ニーズ」であり、「ランニングで汗をかいたので冷たいスポーツドリンクで喉を潤したい」……何となく、青空の晴天のもとで、ランニング愛好家同士でスポーツドリンク片手に、爽やかな笑顔で語らっているようなシーンが浮かんできませんか？　そうすると、何かそのシーンを表すリズムの良い文章を付ければ、キャッチコピーになりますよね!?　これくらい“シナリオレベル”にまで落とし込むのが「ウォンツ」です。

そして自社は、ペルソナのウォンツに対して「他の競合はもっていない、自社だからこそのどういう強み・独自性を提供できるのか？」　これが「売りとなる強み」すなわち「USP（ユニーク・セリング・プロポジション）」となります。

これらの事業ドメイン３要素を掛け合わせることで、ユーザーが得られる恩恵である「ベネフィット」の姿がみえてきます。つまり「ペルソナ」×「ウォンツ」×「USP」＝「ベネフィット」の公式が成り立つわけです。ぜひ皆様のお客様への付加価値提供となるベネフィットを導き出してみてくださいね！

●参考書籍　『Web集客が驚くほど加速するベネフィットマーケティング「ベネマ集客術」』Tiger著（インプレスR＆D刊）

https://pipeline-dw.com/shukyaku/

第2章　初動をつくる肝となる設計・デザイン・構築

一言で「Web制作」と言っても、構築の過程・工程は多岐にわたる。その様相は、住宅建築に近いものと筆者は捉えている。施工主や建築者が理想とするカタチ……建築物が、ビルダーさんの手によって直接具現化するわけではなく、建築予想のパース絵や、その骨組みとなる設計図があって、はじめて具体的な建築計画が立ち、そのゴールに向かって各要素のお膳立てと実作業が進んでいくものだ。

Web制作においても、建物建築同様、いきなりWebの“箱”を構築するのではなく、完成予想図をデザインとして絵図を引き、その根幹として、まずはWeb設計を行うことがWeb制作の第一歩となる。「設計・デザイン・構築」という一連の段取りや手順を知っていただくことで、成果に繋がるWebサイト制作のプロセスをお伝えしたい。

42｜デザインの語源

●「デザイン」の真意は、ビジュアルにあらず!?

「デザイン」の語源は、実は「設計」を意図している。もともとラテン語の「designare（デジナーレ）」が由来となっていると言われている。その意味は、「問題を解決するために思考・概念の組み立てを行い、それをさまざまな媒体に応じて表現すること」とある。まさに「Webサイト」という媒体において、採り入れるべき考え方である。

「Webデザイン」というと、ビジュアルを創り込むことを優先的に考えてしまうのが、クライアント側の理解でありがちなミス。本来のWebデザインは、デザインの語源通り「Web設計」、この一言に尽きる。ユーザーが求める本質を捉え、自社がどうそのウォンツに対して応えていけるか？　それを「Webサイト」という媒体に落とし込むのが正しい設計、すなわち「Webデザイン」という創作活動なのだ。

43｜集客戦略の要「事業ドメイン」

●Web設計は、まず事業ドメインの策定から

Webサイトの設計においては、もろもろ策定すべき要素があるが、まず大前提として「事業ドメイン」が定まっている必要がある。「事業ドメイン」とは、事業領域のことを表している。Webサイトでの集客マーケティングに限らず、企業としての経営戦略の根幹にしっかり根差した軸としてあるべきもの、それがこの「事業ドメイン」である。

「事業ドメイン」は、ターゲット、ターゲットのウォンツ、自社の強み＆独自性という3要素で構成する。それぞれの要素について、深く掘り下げて策定することにより、よりビジネスは確実性を増し、Web集客プロモーションにおいても、ユーザーが求める本質に近づく打ち出し方が見えてくるのだ。

44｜事業ドメインにおけるターゲット

●絞り込んだユーザー像、それが「ペルソナ」

「事業ドメイン」の策定において、まず第一に見据えるべき要素は、ターゲットとなるユーザー。Web集客において、購入や利用して頂くのは「ユーザー」なので、あくまでも「ユーザーありき」で、すべてはユーザーが起点となるのである。つまりユーザー軸でいかにWebを設計していくか？　これが成果に繋がるWeb集客プロモーションの第一歩である。

このターゲットユーザーの策定フェーズにおいては、ユーザー像を極力絞り込んだ「ペルソナ」という考え方が有効である。もともとラテン語が語源で、演劇において「仮面」を指していたのが、心理学用語で人

格側面を表す用途を経て、マーケティングではユーザー像を表す用語として活用されている。

自社サイトへアクセスしてくるユーザーの人物像をつかみ、何を探し求めていて、サイト上でどういう行動をとりたいのか？　そのポイントをつかんで、ペルソナのウォンツを満たせるコンテンツとサービスを提供していく必要がある。

45｜事業ドメインにおけるウォンツ

●ニーズを絞り込む。それがウォンツという考え方

事業ドメインの策定において、ターゲットとなるコアユーザーを「ペルソナ」として絞り込んだように、そのペルソナの要望もまた絞り込む必要がある。よく「ユーザーのニーズ」という表現があるが、より絞り込んだ要望は「ウォンツ」と呼ぶ。たとえば、「何か飲み物が飲みたい」……そんな漠然としたレベルの要望がニーズである。「テニスで汗をかいたから、キンキンに冷えたスポーツドリンクで喉の渇きを潤したい」……ここまでシナリオレベルで深く要望を切り込んだのが「ウォンツ」という考え方である。このレベルまで絞り込むと、ユーザーがその商品・サービスを使用・利用している状況まで想定できるようになり、設計以後のクリエイティブにも落とし込みやすくなる。

より絞り込んだターゲットであるペルソナの、より深い要望であるウォンツを策定する。それによって、「ではペルソナのウォンツを満たすには、期待に応えるには、何をどのようにWebサイト上で訴求していくか？」と、まるでユーザーの求めることを“先回り”していくことができるのだ。

Web集客で成果をあげるには、「ユーザーが求めることを理解して先回りする」……つまり心配りが求められているということだ。

46｜事業ドメインにおける強み&独自性

●あなたの“ウリ”のポイント、それが「USP」

事業ドメイン策定の最終工程は、いよいよ自社軸で考える「強みと独自性の打ち出し」となる。マーケティング用語では「USP」と呼んでいる。「ユニーク・セリング・プロポジション」、すなわち「あなたのウリのポイントは何か？」を見据えてWebサイトでの集客プロモーションに活かして行くのである。

ターゲットユーザーや要望で“絞り込み”を行ったように、ここでも、強みの絞り込みを行うことが重要。「USP」の冒頭文字は「ユニーク」とあるように、「独自性」が大切になるのだ。競合ライバルが持っていない、打ち出しをしていない、ユーザーにとってメリットのあるサービスや付加価値があれば、より勝算は高くなる。

47｜ベネフィットを策定する公式

●ユーザーのベネフィットは公式で導き出せ！

事業ドメインの3要素「絞り込んだコアターゲット＝ペルソナ」「絞り込んだペルソナのウォンツ」「ウリのポイントUSP」と役者は揃った。これら3要素を掛け合わせると、ユーザーのベネフィットが見えてくる。「ペルソナがウォンツを満たされてどうなるか？」という問いに対する“解”、すなわち恩恵こそがベネフィットなのだ。

ペルソナ×ウォンツ×USP＝ベネフィット

これがベネフィットを生み出す公式。

このベネフィットが大きければ大きいほど、ユーザーの期待は、購入や問合せへのモチベーションへと進化する。いかにサイトのコンテンツ上で、絞り込んだペルソナベネフィットに期待させ、モチベーションをアップさせられるか？　ここに、あなたのWebサイト事業の成果を左右する鍵がある。

48｜差別化と独自性は違う

●零細企業＆ブランドは独自性で勝負を仕掛ける

差別化と独自性は混同されがちなので、注意が必要。差別化戦略は、資本が潤沢な大企業がとるべき手法だからだ。

たとえば業界首位のブランドが、2位・3位のブランドを引き離す際に使うのが差別化戦略。この差別化戦略においては、資本や物量がモノをいうケースが多い。価格競争でも、圧倒的な資本力の前では弱者である零細企業は太刀打ちはできない。たとえ一時的な価格優位性を持てたとしても、大資本企業はそれをさらに下回る価格で生産・開発を行える資金力がある。結局は堂々巡りの値下げ合戦に巻き込まれ、零細企業が撤退を余儀なくされる。

だから、零細企業は差別化ではなく、大企業が参入しないような「独自性」で勝負できるフィールド市場をみつけ、独自の打ち出し方をユーザーに響かせていくのが正攻法と言える。

49｜事業領域を客観的に見極める手法

●ビジネスフレームワークを活用し思考を可視化する

成果を出せるWebサイトを運用するには、まず自らのビジネスの事業領域が明確に可視化されている必要がある。その事業領域を、思考からコンテンツというビジュアルに落とし込むのに有効なのがビジネスフレームワークである。

ビジネスフレームワークとは、経営戦略や業務改善、問題解決などに役立つ分析ツールや思考の枠組みで、いわば“思考のテンプレート”とも言える。ビジネステンプレートを活用することで、自社の経営資源を発掘したり、Web設計やコンテンツ構築に落とし込む前段を整え、打ち出し方を明確にできるメリットがある。また市場や競合とのポジショニングや、備えるべきリスクを可視化できるのも、ビジネスフレームワークの利点。

客観的に可視化しておくことで、Web運用にかかわるステークホルダーとの“共通言語”として、基準となる目安を持つことができるのだ。

50｜ポジション戦略フレーム「SWOT分析」

●社内外の要素を複合的に考える「SWOT分析」

外部環境や内部環境それぞれを、強み（Strengths）、弱み（Weaknesses）、機会（Opportunities）、脅威（Threats）の4つのカテゴリーで分析して表組で考えるのが「SWOT分析」だ。ブランドの価値や打ち出し方の戦略を策定する手法で、先述の4要素の頭文字からネーミングされている。

外部環境である競合を見据えながら自社の強みを見つけて行けば、それが打ち出しポイントとなり、逆に弱みを知る事で防御の策や市場の変化への対応も講じることができる。

・どのように強みを活かすか？
・どのように弱みを克服するか？
・どのように機会を利用するか？
・どのように脅威を取り除く、または脅威から身を守るか？
（引用：「SWOT分析」 https://ja.wikipedia.org/wiki/SWOT分析）

SWOT分析は、Webサイト運用で意識していくべき、これらの基本要素を洗い出し、自社のブランド資産・資源の活用方法を知るのにとても有効だ。

51 | 「SWOT分析」の内部要因「強み」とは？

●競合と比較して圧倒的に「勝てる」ポイントを打ち出すべし

SWOT分析を構成する4要素の一つ「強み」。SWOT分析には「強み」「弱み」の「内部要因」と、「機会」「脅威」の外部要因があるが、その中でも最重要視すべき要素がこの「強み」である。これは競合企業に打ち勝てる「優位性」を「いかに見出していくか？」ということだ。

もしあなたの会社が資本を多く持たない零細弱者なのであれば、この「優位性」については、「差別化」視点ではなく「独自化」視点で検討することを推奨する。なぜかと言えば「差別化」の視点で考えると、資本の強みによって立場逆転のリスクが多くなるからだ。他社が切り込めないような独自路線の「強み」を持って、寡占ないしブルーオーシャンの市場を創り出す路線を目指せば、自ずと活路は見えてくるものである。そのためには「自社の強みは何か」をしっかり見据え、能動的に創り出していくことだ。

もちろん受動的に「強みとなった」という要素は存在するだろう。だが、自ら「自社の強みは◯◯である」と捉えて、その強みに磨きをかけていく活動こそ、ビジネスのポジショニングで手掛けていくべき考え方だ。

52 | 「SWOT分析」の内部要因「弱み」とは？

●弱点を知ることは、改善のチャンスと捉えるべし

SWOT分析を構成する4要素の一つ「弱み」は、前述の「強み」と共に、「内部要因」の構成要素だ。自社視点での弱みであると共に「競合と比べて、劣っている要素」という視点で捉えることが重要である。これを的確につかんでおくことで、「何がしかの手立てで克服して、競合と戦える強みに転換できないか!?」を探ることができる。

大切なのは、あくまでも客観的な視点で分析すること。自社を贔屓目(ひいきめ)にみて、競合より劣っている点を見て見ぬふりをするのでは、何も意味がない。冷静に競合より劣っている点を見極め、「改善」に繋げていくのだ。この「改善」をあらゆる角度から検証して、「弱みを克服する」ことを積み重ねていくうちに、企業体質やブランドそのものが強くなっていくものである。

53｜「SWOT分析」の外部要因「機会」とは？

●ユーザー・市場の外部要因からチャンスを得る

SWOT分析を構成する4要素の一つ「機会」は、「外部要因」の構成要素となる。これは、文字通り社外の要素となるので、流行や競合動向など、絶えず“潮流”を見極める必要があるが、上手く“潮目”をつかめば、事業拡大の「機会」……すなわちチャンスを得ることができる。

ひとくちに外部要因と言っても、業界を取り巻く大枠の視点で俯瞰するマクロ要因と、業界内部の動向に起因するミクロ要因がある。いずれの要因も総合的に勘案して、「時合（地合）」を逃さないこと。せっかくの「機会」も、その潮目と潮時を逃せば、妙味は少なくなる。

マクロ・ミクロ両視点での動向を見逃さないようにしながら、強みを活かした打ち出し方を微調整しつつ、外部要因に上手く合わせてチューニングしていくのが、市場の波を上手く乗りこなす“ロングライド術”となる。

54｜「SWOT分析」の外部要因「脅威」とは？

●リスク要因は極力潰すことで死角を減らす

SWOT分析を構成する4要素の一つ「脅威」は、「外部要因」から見て、目標達成の障害となる要素をあらわしている。「弱み」と同じく、ビジネスの障害要素は、自社で事実として受け止めて、備えておくことが大切である。

一番のリスクは、「将来、身近に迫る可能性があるリスクに、自らが気づいていないこと」だ。リスク要因は、極力潰しておく努力をすることで、来たるべきリスクもリスクではなくなる可能性もあり、死角を減らすことに繋がるのだ。

55｜「SWOT分析」は“クロス”で考える

●SWOT各要素を掛け合わせて成果の最大化に繋げる

洗い出した「強み」「弱み」「機会」「脅威」の4要素は、単体で考えるのではなく、対角線に掛け合わせる“クロス分析”を行うことで、より分析効果は強固なものになる。4つの“クロス”は「強み×機会」「強み×脅威」「弱み×機会」「弱み×脅威」となる。

- 「強み」によって「機会」を最大限に活用するために取り組むべきことは何か？
- 「強み」によって「脅威」による悪影響を回避するために取り組むべきことは何か？
- 「弱み」によって「機会」を逃さないために取り組むべきことは何か？
- 「弱み」と「脅威」により最悪の結果となることを回避するために取り組むべきことは何か？

（引用：「SWOT分析 その4」 http://www.darecon.com/tool/swot4.html）

これらを総合的に策定して、Webビジネスの成果を最大化に繋げていくことだ。最も優先すべきは、「強み×機会」。攻撃は最大の防御である。

56｜ビジネス戦略フレーム「3C分析」

●自社の打ち出し方を見出す「3C分析」

3C分析とは、「市場・ユーザー（Customer）」「競合（Competitor）」「自社（Company）」の頭文字からネーミングされた分析手法。自社を取り巻く市場環境を見つめ直し、自社のポジショニングや競合との優位性を策定するのに有効な分析だ。

「市場・ユーザー」分析では、「自社のユーザーになり得るターゲットはどこにいるか？」というリサーチにも繋がるし、「そのターゲットが求めるウォンツとは？」という掘り下げも重要。

「競合」を知ることは、マーケティングの基本中の基本。競合サイトを見て、どういう打ち出し方や訴求を行っているかを分析し、「自社の優位性をアピールするにはどのような打ち出しができるか？」……など、差別化や独自化の手法を考案していく。

「自社」の分析では、「市場・ユーザー」と「競合」を照らし合わせて、自社がどのようなポジションを獲れば、よりニッチな打ち出しができるか？　そしてどのような戦略を立てれば、より独自性を打ち出せるかを考案していく。

まず顧客となる「市場・ユーザー」、そして自社のポジションを確立するために「競合」、さらにそれら２要素に対してどう打ち出していくか、という視点で「自社」の順に策定していくことがセオリーである。

●参考「3C分析の概要と3C分析のやり方」 https://blog.kairosmarketing.net/marketing-glossary/3c-analysis/

57｜3C分析「市場・ユーザー」を掘り下げる

●まずは「市場性」と「ユーザー像」を知ること

Web集客のみならず、「商売」の基本中の基本。それは、市場が求めているコト・モノをつかむという「市場性」を探ることと、その市場内に存在する“買い手”の姿、すなわち「ユーザー像」を知ることが、マーケティング設計ならびにプロモーションのはじまりと言える。よって、

「3C分析」においても、「市場・ユーザー」の分析からスタートさせるのが必須セオリーとなる。

プロセスとしては、市場規模（潜在顧客の数、地域構成など）や市場の成長性と流行、市場ニーズとユーザーウォンツ、購買決定に至るまでの心理プロセス、購買決定者（BtoBであれば決裁権者、BtoCであれば家族構成を含めたキーパーソン）、そしてWebサイト内外での購買行動プロセスといった観点で分析する。市場性や流行は“生き物”であり、ユーザーもそれに伴い「変化」するもの。絶えずその潮流を感じられるアンテナは立てておく必要がある。

●参考　「3C分析」 http://gms.globis.co.jp/dic/00039.php

58｜3C分析「競合」を掘り下げる

●敵の強さを認め、さらに上回る方策を講じる

「競合」すなわち“敵”を知ることは、戦いにおいて欠かせない情報収集。ことWeb商戦においては、競合が展開しているWebサイト並びにプロモーションが、重要な情報収集源のフィールドとなる。

“敵”が多くの手の内をサイト上で明かしてくれているのだから、それを徹底的に分析をしない手はない。キャッチコピーやイメージ画像などのクリエイティブはどんな訴求をしているか？　価格はどうか？　コンバージョンまでの導線や、ユーザビリティ（使い勝手）はどうか？　何よりも顧客に提供しているメリットや、ベネフィットはどう打ち出しているか？　徹底的に洗い出していく。

もし自社と比べて、競合が勝っている要素があれば、それを素直に認めて、自社にも採り入れること。その採り入れ方は、単に“真似”をするにとどまらず、最低限“横並び”になって、そこから「アタマ一つ分以上、優位に立つにはどんな独自性を打ち出していくか？」を考えていくことが大切だ。

59｜3C分析「自社」を掘り下げる

●ユーザーを知り、競合を知り、自社を知れば百戦危うからず

「自社」の分析は、いわば3C分析の総まとめである。まずは買い手となる「ユーザー像の本質」を知ること。本質とは、ユーザーが誰であるか、そして求めているモノ・コトは何かという要素。そしてそれに対して、競合はどんな打ち出し方をしていて、どんな"強み"を持っているか？　この2大要素をしっかり押さえたうえで「では自社はどうすればユーザーに受け入れられ、そして競合にはない魅力と強みを打ち出していくべきか？」という落とし込みをしていくのが3C分析のプロセスだ。

孫子の教えをWebマーケティングになぞらえると、「ユーザーを知り、競合を知り、自社を知れば百戦危うからず」となる。自社の打ち出しでは、特に零細企業は、「競合との差別化」ではなく「競合にはない独自性」という、ランチェスター戦略やブルーオーシャン戦略の思考で考えること。それによって「戦わずして勝つ」というローリスクな展開を臨むことが可能になる。

60｜ビジネス戦略フレーム「4P分析」

●「何を」「いくらで」「どこで」「どのようにして」売るか？

「Product（製品）」、「Price（価格）」、「Place（流通）」、「Promotion（プロモーション）」の4要素の頭文字からネーミングされたのが「4P分析」だ。端的に言えば「何を、いくらで、どこで、どのようにして、売るか？」を策定するフレームワークである。

特に「プロモーション」は、Webでビジネス展開を行うには、切っても切れない縁がある戦略だ。SEOによる、ユーザーのキーワード検索に照らし合わせて自社のWebサイトに流入させる方法、リスティング広告やリマーケティング広告などWeb広告を活用するSEM（サーチ・エンジン・マーケティング）など、広告予算や市場性にあわせてプロモーション戦略を立案する必要がある。またSNSが流行する昨今では、「どうすれば自社のサイトやページが拡散シェアや“いいね！”を獲得するか」の、SNSプロモーション戦略も重要になっている。

61｜4P分析「Product（製品）」を掘り下げる

●「ユーザーが何を買いたいか？」という角度を大切に

4P分析は、供給側……すなわち“売り手側”のマーケティング戦略を講じる手法であるが、“買い手不在”ではビジネスは成り立たないので、やはり「買い手であるユーザーの視線・視点、都合」を前提に置いたうえで検討することが大切。

よって「Product（製品）」においても、「何を売りたいか？」ではなく「ユーザーが何を買いたいのか？」という角度で考える必要がある。特に、現代のようにモノがあふれ、あらゆるものがコモディティ化（汎用化≒陳腐化）しつつある市場においては、「いかにユーザーが求めている本質を見極めて、商品やサービスの開発を行い、ユーザーのウォンツに応えていくか？」がカギとなる。

この開発段階においても、「ハイ・ユーザービリティ」（良好な使い心地）であると共に、「独自性」や「ベネフィット」の概念を大切にしたいものだ。

●参考　「マーケティング戦略の根幹を成す『4P』とは？」 http://allabout.co.jp/gm/gc/297680/

62｜4P分析「Price（価格）」を掘り下げる

●購入障壁を下げるためには付加価値を目指す

価格戦略は、ビジネスを左右する最重要な要素の一つと言える。この“値決め”によって、ブランドとして育つのか、実力以上の高価格をつけすぎて売れにくくなるのかが左右され、判断力とバランス感覚が求められる。特に類似品や類似サービスが多い場合、「似たものを買うなら極力安く済ませたい」と考えるのが、当然のユーザー心理。ここで「“高くても良いからこちらを選びたい”と思わせられるかどうか？」が“売り手側”の腕の見せ所だ。特に資本力が弱い零細企業は「高価格戦略」が成り立つビジネスを構築すべき。“安売り合戦”では大資本に勝つことは困難だからだ。

この「高価格戦略」で展開する商品サービスに盛り込みたいのが「付加価値」という要素。「付加価値」はユーザーの満足度を後押ししてくれる。「お値段以上〇〇〇」というCMがある。まさに“価格以上”の価値をユーザーが感じてくれれば、高価格であっても、正統な等価交換となるのだ。

63｜4P分析「Place（流通）」を掘り下げる

●“出前迅速”は商売の鉄則

ユーザーが複数のサイトを見比べて商品を購入する場合、同じ商品なら価格が安いサイトを選ぶだろうし、同じ商品で価格も一緒なら、早く商品が手元に到着するサイトを選ぶだろう。特に、ネット通販大手の配送スピードの高速化は目を見張るものがあり、翌日はおろか、即日配達を売りにするサービスも珍しくなくなった。そうなると、ユーザーの納品への感覚スタンダードは、高速なほうに向かっていくので注意が必要だ。配送はもとより、問い合わせなどへの対応も迅速さが求められる時代になっている。

「Place（流通）」においては、「どこで売るのか？」という概念も重要な要素。ペルソナとなるユーザーのライフスタイルや事情にあわせて、購入の利便性も確保する必要がある。

64｜4P分析「Promotion（プロモーション）」を掘り下げる

●O2O（オー・トゥ・オー）をフルに活かす

プロモーションの手段が多種多様になった現代においては、「いかにプロモーションを組み合わせて成果を最大化するか!?」という“プロモーションミックス”の概念が重要になる。

ここで意識したいのがO2O（オー・トゥ・オー）の考え方。「オンライン・トゥ・オフライン」の略称である。たとえば、SNSで情報拡散する→Webサイトで詳細を展開する→リアル店舗で手に取ってもらい購入してもらう→SNSでその購入や使い心地を拡散してもらう……オンラインとオフラインを連動させて展開していく手法だ。

ユーザーからユーザーへの情報伝達は、より信頼性の高い購入安心材料となる。「バイラルマーケティング」とは、「“いかに口コミを広めてもらうか？”を能動的に仕掛けていくか？」を考える集客手法だ。そのためには、インフルエンサー（拡散者）にどんなメリットや付加価値を提供できるか？　これをオンオフ連動でミックスさせて仕掛けていくのだ。

65｜ビジネス戦略フレーム「4C分析」

●ユーザー視点を最重要視する、あるべき姿

4P分析が、“売り手目線”的であったのに対して、“買い手目線”で考案するのが4C分析だ。「Customer Value（ユーザーが得る価値）」「Cost to the Customer（ユーザーの負担コスト）」「Convenience（利便性）」「Communication（ユーザーとのコミュニケーション）」の4要素から策定していく。

Webサイトにおいて、購入の意思決定を行うのは“買い手”であるユーザーだ。よって、この「4C分析」は、成果を出すWebサイトを設計し、運用していくためには、最も有用性の高いフレームワークともいうこと

ができる。
「買い手不在」ではビジネスは成り立たない。商品も、Webサイトでの見せ方も、Webサイトのユーザビリティーも、すべてはユーザー視点で準備することで、はじめて支持されるのである。

66｜4C分析「Customer Value」を掘り下げる

●モノではなく価値を売れ

「Customer Value」とは、すなわち「ユーザーが得る価値」であり、まさにベネフィットである。Webマーケティングのみならず、買い手であるユーザーに対して価値を提供して、満足度を高めて頂くこと。これは商いの基本中の基本姿勢というべきだろう。

あくまでも“ユーザーが得る価値＝ベネフィット・ファースト”で考えることで、より商品サービスの付加価値はアップするものだ。ユーザーが、購入や利用によって、価値ある体験をし、有意義な時間を過ごす。その付加価値に期待してユーザーは対価を払うのだ。

ユーザーの期待が、商品そのものに輪をかけて価値があるとユーザー自身が判断すれば、相場以上の値付けも可能になる。ユーザーのどんな課題を解決するのか？　ユーザーのどんなウォンツを満たすものなのか？　あなたの商品でしか解決できないことは？　これらの要素全てを満たす商品サービスは、まちがいなくユーザーにとって価値がある商品だ。
「モノではなく価値を売る」……すなわちベネフィットマーケティングは、買い手＆売り手双方に恩恵をもたらす原動力となりうる。

67｜4C分析「Cost to the Customer」を掘り下げる

●ユーザーの手間も所要時間もコストの内

「Cost to the Customer」とは「ユーザーの負担コスト」であり、これは送料など、目に見える現金コストのことだけを指しているわけではない。ネット通販であれば、商品到着までに待っている時間的コスト、さらに注文時にコンバージョン（購入）にたどり着くまでにサイト内で要した手間。これらもすべてユーザーが負担している“目に見えないコスト”と考えるべきだ。
「ユーザーコスト」すなわち「ユーザー負担」は極力排除する方向で配慮する意識が大切だ。特に同等品が競合のWebサイトで販売されている場合、まずは価格の優劣判断、次いで送料負担の有無判断、そして納期の判断で、総合的にユーザーにとって優位性のあるWebサイトが選ばれることだろう。
直接的なコストだけでなく、間接的な目に見えないコストもユーザー視線で配慮を欠かさず、満足度の高い商品提供を心がけていく必要がある。

68｜4C分析「Convenience」を掘り下げる

●ユーザーの利便性はビジネスの要

「Convenience」すなわち「ユーザーの利便性」は、買い手であるユーザー視線でのビジネスを考える際に「必須」と言える生命線の要素だ。
まずはサイト内の利便性。コンバージョン（成約）に至るまでの導線や、資料請求や電話、フォーム問い合わせの分かりやすさ。簡潔なフォームと決済方法。特に物販の場合、ユーザーが決済を済ませて、即発送体制に入れる「カード決済」が望ましい。銀行振込を望むユーザーも存在するとは思うが、昨今において多くのユーザーは、Webサイトでのショッピングに慣れ親しんでいるので、クレジットカードでスピード決済して、即日ないし翌日……いいところ数日以内には手元に商品を届けてほしいのだ。その他、代引き、コンビニ払いなど、決済方法はユーザーにとって利便性が高いに越したことがない。
ユーザーのライフスタイルと、“ショッピング・スタンダード”に合わせる。これが鉄則だ。

69｜4C分析「Communication」を掘り下げる

●ユーザーとの接触機会を増やしてファン化する

ユーザーのコミュニケーション、すなわち接触機会を増やすことは、あなたのブランドへの求心力とリピート力を高める好機となる。“ザイアンス効果”という心理学用語があるように、接触頻度が高ければ高いほど、好感度は増す傾向にあり、ファン化の近道とも言えるのだ。

Webサイトビジネスが全盛となるまでは、ユーザーとの接触機会はオフラインでのイベントや来店、もしくはDMなどいずれもコストが掛かる手段がメインであった。しかし、Webプロモーションにおけるユーザーコミュニケーション手段は、コンバージョンポイントとなるWebサイトの他、ブログ、SNS、そしてメールマガジンと多岐にわたる。特にメールマガジンは、売り手サイドから買い手サイドであるユーザーの元へ訪ねていける稀有な手段。これを活用しない手はない。ステップメールを使ったマーケティング手法も有効だ。そしてSNSによるファンとのコミュニケーション。

現代型のWebビジネスにおいて、ユーザーといかにコミュニケーションを密にとり、ファンとしてリピートしてもらい、ユーザーの周囲のコミュニティまで巻き込んでバイラルマーケット（口コミ市場）をつくり上げていくか!?　これが、拡散力のあるWebビジネスのポイントとなる。

70｜ビジネス戦略フレーム「5F分析」

●競争要因や圧力から、自社のポジショニングを最適化せよ

これまでご紹介したフレームワークを複合的に考えるのが「5F（5フォース）分析」だ。

・業界内の競争
・新規参入

・代替サービス
・サプライヤー（供給）
・ユーザー

5F分析とはこれら5つの要因を総合的に考える分析手法で、マイケル・ポーター氏の著書『競争の戦略』（ダイヤモンド社刊）で有名になったと言われている。自社のポジショニングや、競争力、そして将来的な競合参入や、間接競合による代替品の圧力で自社商品サービスの陳腐化・衰退リスクを見据えるのに有効なフレームワークである。

５つの力の個々、または総合的な強さや力関係、圧力を分析することで、業界における競争関係の特性とポジショニングを決める決定的な構造図や勢力図を明らかにすることができる。

●参考「5F分析」 http://www.educate.co.jp/glossary/1-management/50-5forces.html

71｜5F分析「業界内の競争」を掘り下げる

●既存競合社の力関係を俯瞰する

Web集客に限らず、ビジネスにおいて競合の把握や、その力関係を俯瞰しつつ客観視することは、大切なマーケティング思考である。

企業の対立関係を決定する要因としては、「同業者の規模と数」「業界全体の成長性」「固定コスト、在庫コストの大きさ」「製品／サービス差別化の有無」「生産／供給の調整能力」「競合企業間の戦略的違いの有無」「戦略と成果の因果関係の大小」「撤退障壁の大小」などが挙げられる。

市場規模や、今後の市場性の推移、そして競合対自社で考えたときの自社優位性を勘案し、「果たしてこの市場で勝負をすべきか？」という経営判断が必要になる。

72｜5F分析「新規参入」を掘り下げる

●参入障壁の高さで外壁を築き、自社ポジションを確保する

参入障壁の高低は、自社のビジネスフィールドの存続を左右する重要要素だ。参入障壁が高い場合、業界内の競争は生じにくいが、参入障壁が低い場合は競争が激化しやすくなる。新規打ち出しを講じる際には、参入障壁が低いビジネスのほうが手掛けやすいことは確かだが、それは同時に、自社以外の他社も同条件。当然、自社よりも後発で続々と新規参入が生じるリスクは考えなければならない。そして、参入障壁が低く、大手の大資本競合が狙ってきやすい市場では、中小零細企業の"勝ち目"が希薄になることは言うまでもない。

自社の技術やリソース、アイデアで、自社にとっては参入が容易だが、他社にとっては参入障壁が高い、もしくは他社にとっては魅力やビジネスとしての妙味が少ない。市場規模が小さいために大企業が打って出てくる可能性が低い……など、ニッチ市場を独占ないし寡占のフィールドとしてビジネス展開するのが得策と言える。

73｜5F分析「代替サービス」を掘り下げる

●直接代替だけでなく、将来の間接代替リスクに備える

代替商品やサービスとは、狭義の意味で類似製品によって獲って替えられることだけを意味しているのではない。新規参入リスクと密接な関係があるが、間接競合と同じく、将来的に全く目新しい商品やサービス、技術に代替されるリスクも見越しておく必要がある。

たとえば一時は企業間の通信伝達手段の代名詞であったFAXは、PCやインターネット回線の発達と普及により、メールにその座を渡すことになった。もちろん今でも業界によってはFAXが重宝されるケースもあるが、コストや資源の観点から多くの業界でメールにメインは移行したことは間違いない。「Airbnb」いわゆる"民泊"も、新規参入と代替サー

ビスの複合で、既存の宿泊業の在り方を脅かす存在になっている。タクシー業にも同じ現象が起こっており、今後あらゆる産業で同様の市場競争が生まれることになるだろう。

これは、既存の事業者には脅威となるが、参入社には好機が生まれているということ。脅威と好機は表裏一体なのである。自社の既存ビジネスは、競合に代替されないだけの独自性と付加価値で守りつつ、自社の強みと経営資源を活かして、新規参入で勝てる分野はないか？　両軸で考えられる視野を養う必要がある。

74｜5F分析「サプライヤー（供給）」を掘り下げる

●サプライヤーの事情に自社のビジネスを左右されない

サプライヤー（供給）側の事情で、自社のビジネスが右往左往するようでは、盤石な経営体制で軌道に乗っている、とは言い難い。商品仕入れもさることながらであるが、Webのプロモーションでも同様のことが言える。

たとえばアメブロで集客を行っている方も多いとは思う。アメブロは表向き、商用利用が禁止されている。よって、アメブロの運営事務局が「このアカウントは過剰な商行為を行っている」と判断すれば、予告なしのアカウント削除をする権利をサプライヤー側がもっており、事実、突如削除されて窮した事例を聞いている。多くのSNSは、利用が無料なものが多いが、ある日を境に有償化される、もしくは一定の条件を付けられる可能性があることは、想定の範囲内に盛り込んでおく必要がある。

もちろん、これらのプロモーションツールは積極的にどんどん活用していくべきだ。大切なのは「サプライヤーインフラに依存しない」ことである。そのためには、自社で運営するWebサイトやメディア、すなわちオウンドメディアに力を付けて、集客を仕組化していくことだ。

75｜5F分析「ユーザー」を掘り下げる

●コモディティとは差別化して、ファンユーザーを育てる

もちろんユーザーはありがたい存在であることには間違いないが、「価格が他より安いから」という理由で、あなたの会社やWebサイトを選んでいるのであれば、それは恒久的な関係性を持続できる「ロイヤルカスタマー」とは言い難い。なぜならば、あなたを選んでいる理由が「価格が安い」という、価格優位性だけが唯一の要素であれば、他にもっと価格が安い業者やサイトが出てくれば、そちらに鞍替えされてしまう可能性が非常に高いからだ。コモディティ（廉価）な商品やサービスにこのケースは発生しやすい。

関係性を繋ぎ留めておく理由が「価格が安い」、これだけでは、「ユーザーの満足を育てている」とは言えないのである。価格以上に、あなたのブランドやサイトのファンになっている。ファンだからこそ、値段を問わず買う。需要と供給側にお互いの信頼関係が存在しているのが理想の形だ。「他社より高いが、こちらのほうがブランド力を感じるし、付加価値にも期待できて信頼できる」……このような求心力を発せられる“見込みユーザー教育”が必要だ。

76｜フレームワークは“混合”で考える

●“型”に嵌めるのではなく、自社の「最適解」を導き出す

フレームワークには、まだまだ沢山の種類が存在するが、本書に挙げたフレームを応用すれば、ベースとなるWeb設計の初期要素は策定可能である。フレームワークとは、文字通り、「枠組みをつくる」ことが目的ではあるが、それは「型に嵌(は)める」ということを意図しているのではない。あくまでも、フレームワークを“きっかけ”として「最適解」を見出すことが大切だ。

そのためには、挙げたフレームワークを個別の別思考で考えるのでは

なく、手掛けたいビジネスの市場規模や自社のビジネスボリューム、活用できるリソース（経営資源）に応じて、フレームワークを組み合わせて策定することだ。あくまでも柔軟に。それでもなお、ロジカル（論理的）かつリサーチに裏打ちされる根拠性のある策定。

いまはWebのリサーチによって、あらゆるデータが見つけやすい時代。とくに競合リサーチにおいては、競合社が展開しているWebプロモーションを分析すれば戦略も戦術も、そのシナリオを洗い出すことができる。ユーザーの視点に立ち、「競合ではなく自社を“いま”選ぶ理由」を創り出していくことが大切だ。

77｜ブルーオーシャンをみつける

●Web集客の独自市場を築け

魚は潤沢にいるが、多くの漁船がひしめき合うような漁場のことを「レッドオーシャン」と言い、たとえ魚は少なくとも、競合の漁船が少なく、特に自船が有利に漁をできるような独自漁場を「ブルーオーシャン」と言い、ビジネス市場に例えられる。

Web集客においても、この「ブルーオーシャン」的なポジションや打ち出し方をできる市場を見つけることが、より有利に展開できるツボとなる。特にあなたの会社が大きな力や資金力を持たない“小さなブランド”ならなおさら。大手や強者と真っ向から闘わずに、市場は小さくても特に“大手の参入リスク”が少ない「ブルーオーシャン」でWeb集客を行うのが、賢い事業展開と言える。

78｜魚のいる海を狙う

●ニッチと市場性ゼロを混同しない

「ブルーオーシャン」とは、言い替えればすなわち「ニッチビジネス」のこと。顧客数や客層、需要を総合的にみた収益性から、大手が参入しづらい、もしくは参入しようと敢えて考えない、気づかない市場……それが「ニッチ市場」だ。

零細ビジネスの事業者は、ビジネスの実態そのものだけでなく、Web集客商戦においてもブルーオーシャンでありニッチ市場をフィールドとすべき。ただし、「ニッチ市場」と「市場性ゼロ」は異質のものである。いくら競合がいなくても……つまり魚がいない海で釣りをしても、獲物が釣れる可能性は極めて低いといえる。

まずは思いつくキーワードでネット検索をしてみて、事業者が自然検索でランキング上位に全くヒットしない……もしくはリスティング広告が出稿されていない、という場合には、「ニッチ市場」である前に、市場性そのものの有無を検証してみる必要がある。

79｜直接競合と間接競合

●間接競合は将来の台頭リスク!?

ひとくちに「競合」と言っても、「直接競合」と「間接競合」があるが、この「間接競合」には注意が必要。将来的に現行の「直接競合」よりも、販売形態や付加価値、利便性に長けた脅威になる可能性があるからだ。

たとえば、飲食店での事例。街のレストランの「直接競合」と言えば、近隣の同業、そしてカフェ、居酒屋やバーなど店舗型の飲食店が該当する。「間接競合」となるのは、テイクアウト弁当や、コンビニエンスストア、デリバリーピザ等だろう。そして「ネット通販」の“お取り寄せグルメ”等も含まれるだろう。さらにコンビニエンスストアでは、いまや淹れたてコーヒーやドーナツまで食べられるようになった。カフェやドーナツ店では、脅威となっているのは間違いない。さらに、有名ドーナツ店の大手一社は、もともとはオフィス&ハウスメンテ用品のレンタル業。創業以前のパン屋やケーキ店は、そのような業種が驚異の直接競合となるとは想定していなかっただろう。

この先どんな脅威が競合となるか分からない。そのためにも、参入障壁の高い、独自市場&強いブランドをあなたが創り、守っていく必要がある。

80｜競合ではなく自社を選ばせるためには!?

●競合より優っているUSPをアピールする

ユーザーに、競合ではなく自社を選んで頂くためには、競合よりも自社が優っているUSP（ユニーク・セリング・プロポジション＝売りとなる強み）やメリットを分かりやすくアピールする必要がある。そのUSPは、まずは3C分析を構成する自社（Company）・顧客（Customer）・競合（Competitor）を明確にし、さらに「ユーザーのベネフィット（恩恵や付加価値）は何であるか？」を見出していくことで、よりユーザーに響く強みに磨き上げられる。

強みとなるUSPを、絞り込んだユーザーにリーチして、期間や数量などが限定されると、より訴求力は高まっていくものだ。ユーザーが競合ではなく自社を選ぶべき理由。これを明確にまず自社が捉えて、ユーザーにアピールしていきたい。

81｜購買意欲への秘訣「○○」をいかに生み出すか？

●人は共感を覚えることで“自分事”に重ね合わせる

ユーザーがWebサイト上で、「購買」という最終コンバージョンに意欲が向かう鍵となる感情……それは「共感」である。「そうそう、自分はそのことで悩んでいたんだよ！」「あ、このWebサイトが“こんな方へ”と薦めているのは、まさに自分のことだ」など。ユーザーが、Webサイトのコンテンツに共感し、Webサイトのペルソナや対象ターゲットとして具体的に掲げているユーザー像に、自分自身を重ね合わせることで、「他人事」ではなく「自分事」になるのだ。

「他人事」……つまり「自分には関係ない」と思ってしまう商品サービスには興味を抱かない。「自分事」……これは放っておけない。この情報やチャンスを見逃すことは、自分の損失ですらある。そんな感情を覚えるからこそ、Webサイトでコンバージョン（成約）にまで至るのだ。

ユーザーに共感を覚えてもらうには？　そのユーザーが“欲しい”と思う情報を、心理的に先回りしてコンテンツとして見せてあげることだ。「共感」という感情には、Webサイトでコンバージョンへ向かわせる力がある。

82｜刺さるキャッチコピーをキメろ

●ユーザーの心を“言葉”でつかめ

Web集客とは、競合である前に、ユーザーとの戦いである。もちろんユーザーは敵ではない。ユーザーの心理に存在する懐疑心に打ち勝って、ブロックされる前に「ファン」として味方に巻き込む戦いだ。

「キャッチコピー」は文字通り“キャッチ”して射貫くための武器。ビジュアル画像で視覚的に魅せることも大切だが、「コピー」すなわち“言葉”でイメージさせ、ユーザーの脳内でイメージを増幅させるのは、エモーション訴求（感情訴求）とも言うべき広報手段だ。

言葉は、与えられる人それぞれによって、感じ方は千差万別であるが、あなたがしっかりユーザーが誰かを見据え、そしてそのユーザーが求めていることをWebサイトで解決できるなら、そこから得られるユーザーの恩恵、すなわち「ベネフィット」を言葉に託すことで、ユーザーの期待値は驚くほど加速するのだ。

83｜ユーザーのタイプでコピーを使い分ける

●Web集客に効く魔法の言葉「影響言語」

「マーケティングに心理学が有効」とは、よく言われることだ。購買決定権者であるユーザーの「行動」を司る「心理」に立ち返って、「もし自分だったらどう考えるか？　どう行動するか？」を当てはめてみればユーザーの考えや気持ちが把握しやすくなるものであり、有効性はごく自然のことと言える。

心理学も幅広いジャンルがあるが、中でも「影響言語」の“タイプごとの響く言葉を司る”というナレッジは、言語をコンテンツとするWebマーケティングには特に有効と言われている。キャッチコピーと合わせて広告文にも意識して活用すると、該当するユーザーの反応率が向上しやすくなる。

世の中の広告に目を向けてみると、この「影響言語」を巧みに採り入れている事例が沢山ある。代表的なタイプごとの事例を紹介して行こう。

84｜Web集客に効く魔法の言葉「影響言語」その1

●「目的志向型」と「問題外回避型」に響く言葉の違い

「影響言語」のうち、代表的なタイプの一つは「目的志向型」と「問題回避型」だろう。文字通り、「目的を達成することを重視する」か「問題が起こらないことを重視する」という違いがある。たとえばビジネスで言えば前者は「どうすれば契約を有利に進められるか？」を“積極重視”するタイプであり、後者は「如何すれば契約が破談にならないか」を“慎重重視”するタイプである。

商品サービスによっては、どちらかのタイプのほうがコピーを活かしやすい性質もあろうが、両方を活用できる場合には、意識的に使い分けてみると、タイプごとのユーザーの反応率が変わってくるだろう。

・「目的志向型」に効果的な影響言語
　例：「～ができる」「～が実現する」「～が手に入る」
・「問題回避型」に効果的な影響言語

例：「〜を避ける」「〜しなくてすむ」「〜の心配がなくなる」

85｜Web集客に効く魔法の言葉「影響言語」その2

●「内的基準型」と「外的基準型」に響く言葉の違い

ユーザーが潜在意識として行動の源泉となる「判断」を行う心理には、「基準」があるものだ。この基準タイプにも、効果的な「影響言語」が存在する。「内的基準型」は、自分自身で判断したり、自己満足や自分評価が重要なタイプだ。そして「外的基準型」は、客観的な数字や実績を重視し、他人の評価を必要とする。身近な事例では、洋服を決める際に、自分自身の判断で決めたいタイプか、他人に「似合っているかどうか？」を意見してもらいたいタイプの違いだ。

前述の「目的志向型」&「問題外回避型」にしても「内的基準型」&「外的基準型」にしても、必ずしもどちらかに振り切れているとは限らない。しかし、タイプの傾向が“どちらか寄り”な場合、影響しやすい言語パターンが変わってくるということだ。同じ人でもシーンにもよる要素は多々ある。

・「内的基準型」に効果的な影響言語
例：「あなたはどう思いますか？」「あなた次第です」「ご自身で決めてください」
・「外的基準型」に効果的な影響言語
例：「統計によれば」「全国の皆様から反響を頂いています」「評判となるでしょう」

86｜Web集客に効く魔法の言葉「影響言語」その3

●「影響言語」を活用してテストマーケティングで探る

例に挙げた「影響言語」の代表的なタイプを組み合わせたキャッチコ

ピーを歯科検診推奨広告のパターン事例として挙げてみよう。

- ・「目的志向型」×「内的基準型」:
  「誰もがあなたの笑顔の虜になる。そんな白い歯を定期検診で手に入れませんか？」
- ・「問題回避型」×「外的基準型」:
  「成人の60％が虫歯を患っているという事実。虫歯の早期発見に定期検診をお薦めします」

前者では、「白い歯を手に入れる」という成果目標に加えて「あなたの笑顔に虜」という、自己評価・満足を言語訴求したコピー。

対して後者は、「虫歯の早期発見」という問題解決に加えて60％という統計に判断を促すことを言語訴求したコピー。

どちらが効果的か？　……これはコピーに触れたタイプの割合によるだろう。実際のWebプロモーションでは、初期にあらゆるタイプに響くようなコピーやコンテンツで組み上げておく。そして集客運用の段階で、広告文のABテストを行い、反応率が良い広告分用にLPのタイプコピーも作り分け、広告文とLPの親和性を高めていくのがSEMにおける影響言語を活用したABテストだ。

87｜成約率の秘訣は○○設計

●導線の「分かりやすさ」はサイトの生命線

Web集客で成果をあげるには、まずWebサイトの設計が重要である。そのWeb設計には「コンテンツ設計」と「導線設計」があり、見落としがちなのが後者の「導線設計」だ。

「導線設計」とは、「どのページがメインのランディングページ（閲覧の入り口）となって、ユーザーが、どのページを見て、どこに遷移してコンバージョン（成約）するか？」という、「サイト内回遊」の主流の動き方を指す。「適当にページを割り振って、なんとなくユーザーが問い合わせてくる」という受動的な考え方では、特にボリュームの大きいサイトでは、ユーザーが“迷子”となり、離脱するリスクを否めない。「情報を調べて興味をもったは良いが、どこで問合せや購入をすれば良いかわからない」という状態では、Webサイトとして機能していないも一緒である。

サイトの設計段階で、あらかじめユーザーに遷移して頂くルートを想定し、コンバージョンまでのシナリオを組み立てる。これが成果に繋げる導線設計だ。導線の「分かりやすさ」はサイトの生命線である。

88｜CVを増やすためには、5つの○○を減らす

●“不取り”によって、ユーザーの意欲を確保し向上させる

ユーザーにとって、Webサイトに限らず、リアル店舗も含めた“お客様商売”において排除すべき項目がある。それは、「不快、不便、不安、不明」という4つの“不”を排除する。いわば“不取り”という考え方だ。同じ読み方“フ”で加えると、「負担」も該当する。

この5要素の排除は、Webサイトを設計ならびに運用する上で、とても重要な意味をもつ。誰も、「不快、不便、不安、不明、負担」を感じたくない、というのは当然の心理だ。「分かりやすいコンテンツとレイアウト」「CV（コンバージョン）に向かいやすいCTA（コール・トゥ・アクション）」など、「この説明があれば欲しくなる」「買うためにはこの情報や“押し”が必要」「手早く購入手続きをするためには、こうあって欲しい」というユーザー目線での配慮があることで、結果CVR（コンバージョンレート）も上昇しやすくなるということだ。

EFO（エントリーフォーム・オプティマイゼーション＝フォーム最適化）も、前述の5要素を排除して、ユーザーの利便性を向上させ、CVRを高めるのが目的。ユーザーの立場、目線に立って“お客様想い”でWeb

サイトを設計・運用すれば、自ずととるべき“カタチ”が見え、結果もついてくるものだ。

89｜「買わない理由」を潰す

●ユーザーの購入障壁を取り除く

Webサイトで何か購入や依頼をする場合、ユーザーには「本当に買ってよいのか？」「頼んでよいのか？」という疑問が、どうしても付きまとうものである。リアルな店舗と違い、実際に目で見て、手に取ることができないWeb店舗（ECサイト）では、ユーザーの当然の心理と言える。「買ってもよいものか？」という疑念は、やがて「この商品を買わない理由」探しへと繋がってしまう。ユーザーは「無駄な商品、自分の期待以下の商品を買うことで、大切なお金を失う」という損失が怖く、嫌うものだ。だから逆に「ユーザーの買わない理由」を潰してあげることが、商品の提供側には必要となる。もちろん「商品の品質は申し分ない」という前提ではあるが。

そのためには、「商品画像の写真は詳細まで分かる、あらゆる角度で掲載する」「特徴や機能を表す説明を丁寧に書く」「ユーザーのレビューや、権威からの推薦など信頼情報を掲載する」など、ユーザーの目線に立って、「どうすればこの商品を信頼できるか？」を先回りしてコンテンツを用意することだ。ユーザーの購入障壁は、致命的な「買わない理由」となる。その心理ブロックを取り除く努力が、Webサイトには必要である。

90｜ファーストビューはWeb集客の生命線

●Webサイトへの興味は３秒で決まる

Webサイトにユーザーがたどり着いて、最初に目にする画面領域を「ファーストビュー」と呼ぶ。この“出会い”の瞬間は特に重要。「人は第一印象の見た目が重要」と言われるように、Webサイトも第一印象が重要なことは言うまでもない。

特にユーザーの検索行動がピンポイントなほど細かく、そして“せっかち”になっていると言われる昨今、「ユーザーがそのWebサイトを見るかどうか？　3秒で決めている」という“3秒ルール”があるほどだ。つまりユーザーは「自分が欲しい情報がそのサイトにあるのかないのか、3秒で判断している」ということである。

だからファーストビューには、ロゴなどの社名・ブランド名、イメージ画像やキャッチコピー、コンセプト他、電話番号やコンタクトフォームなどのCTA（コール・トゥ・アクション＝コンバージョンへの導線）も忘れてはならない。「ファーストビュー」をどう設計するか？　Webサイトが見続けてもらえるか？　最終的なコンバージョンへ向かうきっかけを作れるか？　まさに一期一会の勝負が決まる。その瞬間で、いかにユーザーを惹きつけられるか？　あなたの商品やブランドの魅力と期待感、そしてユーザーが求める情報への導線を盛り込む必要があるのだ。

91｜買われる「UI」とは？

●ユーザーインターフェースは“使い勝手”の要

Webサイトの画面領域を「ユーザーインターフェース」略して「UI」と呼ぶ。これは、Webサイトにおいて、“見た目”のビジュアル性のみならず、ユーザビリティ……すなわち“ユーザーの使い勝手”を担保する重責を担っている。

たとえば冷蔵庫でも、消費者が使いやすいように、よく開く優先度の高い扉は直立姿勢で出し入れできる高さに、そして内部も機能性と容量のバランスを取れるようにレイアウトが切られている。そのほか、家電や機器にも、人間工学に基づいた設計で、「いかにユーザーが使いやすくするか？」を最優先に設計されているものが多いだろう。Webサイトでも、ユーザーの使い勝手を最優先にUIを設計すべきことは言うまでもない。

　ビジュアル性も大切な要素だが、「ビジュアルVS使い勝手」で比べて、どうしても優劣をつけるのであれば、後者が優先なのである。ユーザーの目線に立ち返り、UIのユーザビリティ、特に画面領域が小さい、モバイル向けのUI機能性には最大限の配慮をしていきたい。

92｜現代型Webの必須概念「UX」とは？

●すべては「ユーザーの体験軸」で考える

　現代型のWebサイトを設計する際に、採り入れるべき要素として「UX」という考え方がある。「ユーザーエクスペリエンス」の略称だ。ごく簡単に説明すると「ユーザーが、その時点で何を考え、どういう心理で行動し、どんなアクションに至るか？」という心理的な要因を考慮しながら「Webサイト内やWeb利用でどんな体験をしてもらうか？」ということを能動的に設計に盛り込む概念である。

「このコンテンツを見るときには、きっとこんなサポートや説明が必要だろう」ということで、その解決に至る導線を用意したり、従来のWebサイトや競合が採り入れていないような、ちょっとサプライズ性のあるコンテンツや楽しみ方、操作性のある仕掛け、ユーザーとサイト運営側、もしくはユーザー同士のコミュニケーションを用意するなど……。そのワクワク感やお楽しみ感が多いほど、ユーザーのファン化は積極的に進行し、コンバージョン（成果）への原動力となる。

　Webサイト設計・構築の大原則は「ユーザーの立場になって考えること」……それすなわち「UX軸」なのである。

93｜ユーザーをサイト内で迷子にさせない配慮

●ナビゲーションを万全にするのは大切なユーザビリティ

　Webサイト内でユーザーが求める情報にたどり着けるように、導線設計をしっかり組むべきであると同時に、「ナビゲーション（メニュー）」を万全にしておくことは大切なユーザビリティ確保の基本である。

メインメニューである「グローバルナビゲーション」はもちろん、複数カラムの場合、「ローカルナビゲーション（通称：サイドナビ）」「フッターナビゲーション」など、ユーザー目線での“使いやすさ”を最大限に配慮したい。

そして「ナビゲーションに何を表示させるか？」も重要な設計要素である。SEO的な観点でいえば、ナビゲーション内には上位表示させたいキーワードは含めておきたい。本文コンテンツ内のリンクを含めて、ナビゲーションからもサイト内リンクがどれくらいあるかも、重要な評価要素である。

またメインとなるナビゲーションだけでなく、「サイトマップ」や「ブレッドクラムナビゲーション（通称：パンくずナビ）」など、実装できる限りのナビゲーション機能を持たせることで、ユーザーがサイト内で迷子になり、モチベーション低下から離脱するリスクを排除したい。

94｜コンバージョンボタンは分かり易く配置

●ユーザビリティ最優先は成約への基本中の基本

あなたがユーザーとしてWebサイトを利用していて、「買いたい（興味はある）のに、値段が分からない」「どこから購入できるのか分かりづらい」「どこで問い合わせができるのか書いていない」など、イライラさせられることはないだろうか!?

お問合せや購入など、成約行動のことをWebマーケティングでは「コンバージョン」と呼ぶが、この「コンバージョンの方法が分かりづらい」とユーザーに感じさせてしまうのは、重大な問題である。Webデザインを設計するうえで、どのページの、どのセクションでユーザーがコンバージョンに向かいたくなるか？　むしろコンバージョンに向かってもらうか？　このように能動的に見据え、必要なセクションには分かりやすくコンバージョンへのバナーボタンなどを配置する。もしくはナビゲーションで誘導する。あるいは、ナビゲーション、本文コンテンツエリア、さらに念を入れてバナーエリア、フッターリンクと複数に配置する。
「サイト内が分かりやすい」というユーザビリティは「成約という成果」に繋げるための最重要な導線なのだ。

95｜導線の袋小路には気を付けろ

●導線の行き止まりで「ユーザー流出」を回避せよ

ユーザーとしてWebサイトを利用していると、コンテンツの“袋小路”に迷い込んでしまうことが時折ある。欲しい情報、見たいコンテンツをたどっていくと、その先に進めない状態で行き止まってしまう現象だ。制作用語で“パンくずナビ”と呼ばれる、たどってきた経路を示すナビゲーションもないし、「カテゴリトップへ」のような中途メニューに戻れるようなバナーリンクはないし……ロゴからトップページまで戻ってたどり直すか、「戻るボタン」で後退するか……いずれもユーザー的には不便極まりない。こんな体験をした方は少なくないと思う。

このようなサイトでは、よほどユーザーの興味モチベーションが高いか、そのWebサイトで購入したい理由があるか、そのWebサイトでないと入手・利用できない商品サービスでない限り、離脱されて他の競合サイトに「ユーザー流出」してしまうリスクが発生する。サイトの導線設計は、ユーザー目線でたどって、“行き止まり”を回避することが必要だ。

96｜マイクロコンバージョンという考え方

●マイクロCV、それは最終ゴールへのマイルストーン

ユーザーの成約行動をコンバージョン、略してCVと呼ぶが、最終ゴールであるCV率を高めるために、中途経路や中途成果の見直しをはかる

必要が出てくることも多い。この中途成果のことを、マイクロコンバージョン、略してマイクロCVと呼ぶ。

たとえば、専門スクールや学校のWebサイトの事例でみてみよう。最終的なゴールであるCVは「入学申し込み」であるが、マイクロCVとして捉えられるのは、学校見学・資料請求・お問合せなどである。そして、入学申し込み方法や、試験要項を見ている、というのも、「本気で検討している」という観点から、広い意味でマイクロCVの一種と言える。

このように、マイクロCVを設定することで、途中経路での成果検証や、経路、ユーザーの選択手段など、あらゆる見直しの可能性が生まれてくる。CVの向上は、マイクロCVの積み上げからだ。

97｜専門知識がなくとも更新できるツールを使う

●「CMS」での自社運用が主流となった時代変化

従来型のWebサイトは、最低限HTML言語を理解していないと、自社では更新作業を行えず、Web制作会社に更新を依頼する形が主流であった。そのため、保守プランに更新がセットになっていないケースでは都度更新費用が掛かったり、制作会社のキャパシティー次第では更新反映までに時間を要することが少なくなかった。

この問題を解決できるようにしたのが「CMS（コンテンツ・マネジメント・システム）」だ。「CMS」を使用することにより、HTMLなどのマークアップ言語を知らなくても、最低限ブログやSNSなどを使用できるスキルがあれば、誰でも管理画面上から、Webサイトの更新やコンテンツ発信を行っていくことができる。

「CMS」は、企業の用途にあわせてフルスクラッチで構築したものから、オープンソースで無料で配布されているものまで、さまざまな種類がある。そのオープンソース型のものでは「WordPress」がポピュラーである。技術の進歩により、Webサイトツールの主流も流行も絶えず変化していくもの。時代の潮流にはしっかり付いていくようにしたい。

98｜GoogleもSEO有用性を認める“WP”

●なぜ「WordPress」がSEOに強いのか？

CMSで最もポピュラーなオープンソースである「WordPress」、略して「WP」はSEOに強いと言われている。Googleも検索アルゴリズムの開発責任者が、「WordPressは、SEOに関する多くの問題を自動的に解決してくれて、SEO（サーチエンジン最適化）の手法の80%〜90%に対応するように作られている」という主旨の発言をしたことでも話題となった。

その効用は、「WP」の基本構造からして既に優位に構築されていることに起因するとも言われるが、メイン機能であるブログ更新によって、SEOの成果は上がりやすくなる。ブログを更新するごとに、Webサイトを1ページ追加するのと同じ評価が得られるからだ。「WP」でのサイト内ブログ記事更新は、集客資産積上げの近道なのだ。

99｜WP運用で忘れてはいけないこととは？

●サイト内ブログは、タイトル＆説明文が重要

SEOには内部対策と外部対策がある。内部対策とは、タグ構造をSEOルールに則って最適化することと、更新運用を行っていくのが主だ。ページを更新する際には、「METAタグ」と呼ばれる、ページ独自のタイトル<title>タグと、解説文<description>タグを付加することが重要だ。「WP」すなわち「WordPress」にてブログ運用をする際にも然り。追加する記事には、必ずこの2要素は盛り込むようにしたい。

「WP」のメリットに「無料プラグイン」が豊富であることが挙げられる。そのプラグインの中でも「All In One SEO Pack」は、個別のブログ記事に「METAタグ」を付加するのに非常に便利なツールだ。詳しい使い方の解説は割愛するが、プラグインを導入するだけで、管理画面のブ

ログ投稿セクションから、ほぼ視覚的にページ個別の「METAタグ」を設定することができるようになる。そのほか、便利なプラグインがたくさん存在するので、ぜひ研究とトライを推奨したい。

100｜お客様の声にて信頼とSEOを両立するコツ

●“ひと工夫”で、対人間&対ロボット両立の一石二鳥へ

「信憑性が乏しい」とまで言われることがある、「ユーザーレビュー」や「お客様の声」であるが、書いて頂ける方がもし名前や顔写真などを掲載してOKという同意を頂けるなら、それは閲覧側のユーザーにとって「信憑性があるもの」として認識されやすくなる。さらに言えば、そのレビューや推薦文が「手書き」であるならば、それを画像化して掲載することで、より信用度はアップするだろう。

ただし、この場合、“手書き”を画像化したデータを掲載するだけでは“片手落ち”である。検索ランキングの評価を決める巡回クローラー（ロボット）が、画像の中にある文章を解読認識はできないので、SEOのコンテンツ資産としての価値が存在しなくなってしまうからだ。回避策として、画像化した“手書き”レビューとあわせて、altタグで画像の解説を記載しておくこと。さらにテキスト化したユーザーレビューの同内容を載せておくと良い。レビューを書いてくれる方が皆達筆とは限らないので、可読性を向上させる、という意味でも効果がある。

もし、同内容だと“くどい”と感じるようなら、SEO的に価値があるキーワードは残しつつ、要約した文章にして掲載しておくというのも一つの方法だ。この“ひと工夫”によって「ちゃんと顧客本人が手で書いたもの」という閲覧ユーザーの信用と、「テキストで書かれたコンテンツ」としてSEO評価を両立することができるはずだ。

101｜集客効果のある記事タイトルとは!?

●ページタイトルを最適化する

個別ページのtitleタグが、そのコンテンツの命運を分けるほど重要な役割を果たすのは言うまでもない。まずタイトルが魅力的でなければ、検索結果からクリックされる可能性が減少してしまうからだ。

titleタグの記述は31字程度が理想と言われている。その短い文章の中で、いかに検索されたいキーワードを演出し、読んで心地の良いリズム感のある「コピー」に仕上げるか!?　センスが問われるところだ。そして何よりも「"読まずにはいられない"ほどの、ユーザーの興味を掻き立てられるか!?」が重要だ。「役に立ちそう」「求めていた情報がありそう」「人に教えてあげられる価値がありそう」など、まずコンテンツの質が高いことが必須となるが、そこに誘導するためのタイトルは、集客導線の大切な入口なのである。

またSNSでシェアされた場合にも、このタイトルが先陣を切るツールとなる。SNSで拡散されるためには、拡散された先でもユーザーが思わずクリックしたくなるような、魅力的かつインパクトのある「コピー」である必要があるのだ。

102｜自らを「一流のメディアである」と意識すべき理由

●一流を意識することでコンテンツをブランド化する

Webサイトのコンテンツを評価するうえで、「権威性」はユーザーが納得し、コンテンツの信頼度をあげて購買意欲に結びつける重要な要素となる。「権威」であるということは、まずWeb運営者であるあなたが「一流のメディアを発信している」というプロ意識を持つことが大切だ。そのためには、あなた自身の実績や、そのWebサイトを手掛ける理由や理念が必須となる。想いに共感するからこそ、ユーザーは付いてくるのだ。

コンテンツ内での立ち振る舞いや、コンテンツを発信することに対するプライドと責任感。Webサイトを持つということは、「メディア」を持つということである。まず「一流のメディアである」ということを自覚すること。そのプロ意識で、ユーザーと成果は、後から徐々についてくる。

103｜Webプロモーションの根幹を設計する

●クリエイティブ・ブリーフを確立し、施策設計を共有する

Webをはじめとする集客プロモーションの根幹を設計する手段として、「クリエイティブ・ブリーフ」という手法がある。プロモーションの最終成果として求めたいゴールや、ユーザーに届けたい価値、そしてユーザーが求めている本質、ブランドとしてメッセージを発信する理由を明確にすることで、「プロモーションの存在意義」を確立することができる。

ターゲットやコンセプト、核になるアイディア、期待効果を明確にし、プロモーションの戦略を策定するのがセオリーだ。

（1）広告の目的
（2）ターゲット
（3）現状（どう思われているか）
（4）将来像（どう変えたいか）
（5）コンシューマー・インサイト（人を動かす心のツボは？）
（6）プロポジション（何をメッセージするか）
（7）信じられる理由（RTB：reason to believe）
（8）トーン（tone of voice）

（引用：「クリエイティブブリーフとは広告の設計図である。」 http://mag.sendenkaigi.com/senden/201411/handwritten-strategy/003537.php）

これらの８要素で「クリエイティブ・ブリーフ」は構成していく。

●参考 「クリエイティブ ブリーフの役割とその作成方法」 http://blog.btrax.com/jp/2014/07/13/brief/

104｜クリエイティブ・ブリーフを構成する8要素 その1

●Webプロモーションという広告の目的を定かにする

まずWebサイトを持つこととは、「広告プロモーションを仕掛けている」という意識を持つ必要がある。SEMによってリスティング広告などを出稿することも、もちろん「広告」であるが、Webサイトを持ってユーザーに自社のブランドや商品サービスを知ってもらうということは、その行為自体がすでに「広告を展開している」ということなのだ。

クリエイティブ・ブリーフを手掛けるには、まずはこの大前提となる「Webプロモーションという広告の目的」を定義づけるのが第一段階の策定事項となる。ここでは、漠然と「売上○○％アップ」というような、ビジネス全般の業績指標を掲げるのではない。あくまでも「ブランドとしてどう認知を獲るか？」「どうユーザーと関わりを持つか？」という視点で考案したい。

たとえば、「目下業界シェアNo.1の○○社を超えて、☆☆％のシェアを獲る」「既存ユーザーに加えて新規ユーザーを☆☆％獲得する」「WebサイトのPVを○○まで向上させる」など。プロモーションの具体的なゴールを明確にすることで、その達成に至るプロセスを洗い出し、Webサイトを展開する戦略を固めていくということだ。

105｜クリエイティブ・ブリーフを構成する8要素 その2

●プロモーション成果による理想のターゲット像を描く

Webプロモーションによって、最終的にはCV（コンバージョン）成果に繋げたいので、ターゲット選定をすることは必須であるが、クリエイティブ・ブリーフにおいては、現実的なペルソナを描くことよりも、「プロモーションの可能性として、どんなターゲットにリーチできる可能性があるか？」という期待を込めたユーザー像を描くことも大切だ。それによって、従来のプロモーション手法とは一味違った施策が見いだせることもあり、よりWebを通じたビジネスの幅が拡がる可能性がある。いわば「理想のターゲットユーザー像」を描くことで、その理想に近づくためのプロセスを模索していく、ということだ。

この策定においては、ペルソナ設定と同じく、属性、行動、コミュニティやコミュニティ手段を仮説立てることで、クリエイティブ・ブリーフを共有するメンバーのイメージを掻き立てやすくすることがポイントである。そのメンバーの複眼的視点によって、多岐にわたるアイデアを盛り込んでいきたい。

106｜クリエイティブ・ブリーフを構成する8要素 その3

●現状のブランド・イメージはどう思われているか？

クリエイティブ・ブリーフを策定する工程の中で、特にブランド力を意識した場合に、「現状ではユーザーにどう思われているのか？」という「認知」や「ポジショニング」をつかんでおくことは大切な作業だ。

もし身近に客観的な意見や評価を述べてくれる近しいユーザーがいれば協力を仰ぐのも一手であり、極力“生”の声をヒアリングするためにも、アンケートを実施することで、改善点やブラッシュアップ要素を探っていきたい。

アンケートを実施する際には、具体的な数値や物量ではかる「定量調査」も重要であるが、ユーザーの層や属性に伴う「定性調査」もあわせて組み入れることが重要だ。

107｜クリエイティブ・ブリーフを構成する8要素 その4

●現状の認知ブランド・イメージをどう変えたいか？

前工程では、「現状のブランド・イメージがどう認知されているか」「競合と比べた場合にどうポジショニングできているか？」を策定した。次のステップでは、「現状認知やポジショニングからどう変えていくか？」を策定するフェーズである。そして「最終的にどう成果に繋げるか？」という、クリエイティブ・ブリーフの第一ステップで策定した「Webプロモーションという広告の目的」と紐づけていく。

ポジショニングを考える際には、競合と相対的に比較することで、自社がどのポジションを獲るべきかを明確にする。競合の強さや良さも認め、「ブランド向上のためには何ができて、何をすべきか？」をポジティブに見出していこう。

108｜クリエイティブ・ブリーフを構成する8要素 その5

●人を動かすツボ“インサイト”を探る

マーケティング用語で「インサイト」というものがある。インサイト自体の語源は諸説あるが、意訳すれば「洞察したい相手の視野から得られる、その人の気持ちや生活行動」とまとめることができるだろう。ペルソナとなるユーザーのライフスタイルやウォンツの根底にある“欲求・興味・需要”という本質……すなわち総称して「インサイト」を探り、広告であるWebプロモーションが“先回り”することで、購買意欲を高めていけるということだ。

インサイトを成果に結びつけるには、この購買意欲の向上が成功要因となる。たとえば、車を持つことに興味がない層に、いかに自社の車が競合の車よりハイスペックであるかを伝えても意味がない。車を持つことによって「どれだけ便利になるのか？」「どれだけ楽しい生活が待っているか？」、つまりユーザーにベネフィットを共感してもらうことで、はじめて購買をイメージするようになる。

どんな深層心理をつけば心が動くか？　購買したくなるか？　そして行動に移すか？　ユーザーを主人公にして見出していきたい。

●参考　「マーケティングでいう「インサイト」とはいったい何か？意味は？」 http://mindbooster.biz/blog/マーケティング/マーケティングでいう「インサイト」とはいった/

109｜クリエイティブ・ブリーフを構成する8要素 その6

●“プロポジション”という名の提案

前工程のインサイトは、ユーザー視点でユーザーを主語とした策定であった。Web集客を成功させるにはあくまでもユーザーを起点とすることが王道であるが、仕掛けていくのはあくまでもWebサイト発信側……つまりブランドである。

インサイトを持ったペルソナ・ターゲットに対してブランドとして何をメッセージとして伝えるのか？　その“ユーザーへの提案”が「プロポジション」という考え方だ。プロポジションを策定する場合には、競合には存在せず、自社に存在する“独自の強み”をより意識したい。これが「ユニーク・セリング・プロポジション」……すなわち「USP＝売りとなる独自の強みの提案」である。

USPを打ち出すことで、ペルソナのインサイトを満たし、広告としてのWebプロモーションが最大成果に結びつきやすくなる。

110｜クリエイティブ・ブリーフを構成する8要素 その7

●ブランドが信じられる理由

自社の強みをWebサイト内で打ち出す「プロポジション」には、裏付けとなる根拠を、コンテンツとして発信するブランド側がしっかり意識しておきたい。それがブランドとして信じられる理由……「Reason To

Believe」である。略して「RTB」と言われることもあるが、SEMを仕掛けるWebマーケティング用語「RTB」と言うと、リアルタイムに広告入札を行う手法「Real Time Bidding」略して「RTB」という使い方が一般的であるので混同しないようにしたい。

Webにおいてブランドや商品が信じられる理由は、必ずしもカタチがあるものは限らない。だがしかし、ユーザーに購買を決定させるには、いかに裏付けを可視化するかが重要になる。もちろん仕様や性能の有用性もあるが、ユーザーレビューなどの“リアルな声”や推薦など、無形の資産を大切に活用していきたい。

111｜クリエイティブ・ブリーフを構成する8要素 その8

●Webプロモーションのトンマナとは？

クリエイティブ制作の考え方に「トーン&マナー」……略して“トンマナ”と呼ばれるものがある。これは、ユーザーに対して「ブランドや商品をどういう雰囲気で伝えるか？」「どういう口調や文体で伝えるか？」、それらをプロモーションにかかわるすべての人が統一して共通認識としてもてるように、ルール化することを指している。

多くの人がプロモーションに携われば、“複眼的視点”（虫の目のように、多くの視点で物事を捉える例え）によって多くのアイデアでブラッシュアップすることも可能だが、時に「船頭多くして船山にのぼる」がごとく、統一性が損なわれるリスクも同時に生じるものだ。それによって時に「ブランドのブレ」という事態を引き起こしかねないので注意が必要だ。

クリエイティブ制作においては、自由な発想で、よりブランド力を高まる施策に繋がるチャンスは大いにあるので、あまりルールに縛りすぎるのも芳しくないが、トンマナを策定しておくことで、ブランドの軸と礎は盤石なものにしたい。

112｜ブランドイメージの“ブレ”を防ぐツール

●ムードボードの確立でイメージの統一をはかる

“トンマナ統一”の目的として、ブランド軸のブレを回避する手段である旨をお伝えした。さらに掘り下げて言うと、ブランドイメージをキープするということは、それは「世界観を統一する」という考え方が必要になってくる。世界観の統一なくして、ブランドイメージの存続はありえないと言えるのだ。

世界観統一＆踏襲の手段として有効なのが「ムードボード」という手法である。ムードボードはクリエイティブ・ブリーフの集大成の形とも言える。言葉で表すことが難しいイメージを、視覚的な表現を使うことで、制作チーム内やクライアントとの共有イメージを創り上げ、ディレクションとブランディングがスムーズになるのだ。たとえば一言で「青」「緑」とカラーを挙げても、そのトーンは幅広く、解釈によって人それぞれだ。よって、具体的な写真や画像、イラストをムードボードに添付しておくことで、イメージを共通認識のアウトプットとして可視化するのである。

●参考　「デザイン認識の齟齬を防ぐムードボードの作り方」 http://www.skuare.net/article/2015/10/15/howto-moodborad/

113｜効果的なムードボードの作り方

●ムードボード作成で押さえておきたい３つのポイント

ムードボードは、言語化できないデザイン要素をビジュアルで表現し、プロジェクトメンバーやクライアントと意識を共有するための手法だ。特に決まったルールやセオリーはないので、プロジェクトメンバーが運用しやすく共有しやすい方法や媒体を活用すれば良いが、策定要素としては下記の３つは押さえておきたい。

1．ブランドとしての世界観とポジション……ブランドとして目指すべき世界観はどんなイメージか。そのビジュアルを具現化できている参考例があれば示しておく。また、競合とどう差別化し、独自展開化していくか？　ユーザーにはデザインを通じてどんなメッセージを伝えるか？　一連の方向性をビジュアルとして一覧にしておこう。
2．カラースキーム……主軸となるキーカラーと、媒体やプロモーションによってバリエーション展開できるサブカラーを集積しておく。キーカラーにどんなサブカラーを配色するかでイメージは大きく変わる。配色バランスによる相性を探るカラーパレットや、カラーチャートを作っておくと、よりデザインアイデアは高まっていく。
3．トンマナ……トンマナが交錯するとブランドの“ブレ”に繋がりかねない。トンマナを統一することで、ブランドの世界観が一貫性を持つことができるだけでなく、クリエイティブ制作の試行錯誤で交錯が多重になるリスクを回避することができ、結果時間やコストの短縮となる。

ムードボードは、基本的に可視化したビジュアルで構成するのが基本であるが、注釈やメモを添えることで、より齟齬のない共有イメージをつくることが可能だ。

114｜効果的なペルソナ設定の方法とは!?

●ペルソナは“世界でたった１人”まで掘り下げる

ペルソナは、年代・性別・職種程度の概要レベルではなく、“世界でたった１人”レベルまで詳細に掘り下げるのが理想だ。

ペルソナ設定を行う際には、どこまで事前データがあるかによって精度が変わる。アンケートなどにより、データベース化した情報があれば、最も詳細なプロフィールの落とし込みが可能になる。そうでない場合、

Googleアナリティクスの『ユーザー』の項目を参照することと、忘れてはならないのは、特に店舗等オフラインの現場がある場合には、現場からのヒアリングを行うことだ。ペルソナ設定の事例を2つ比べてみよう。

・悪い例……30代　会社員　男性
・良い例……35歳　広告代理店勤務　営業部課長　男性　既婚　子供2人　東京都港区在住　2LDKマンション住まい　世帯年収800万円

前者がどんな方なのか、イメージしてみて欲しい。おそらく人物像が全く頭に浮かんでこないのではないだろうか？

では後者はいかがだろう？　この文字情報をみるだけでも、会社での仕事ぶりや、生活様式、家族と過ごしている姿など、いろいろライフスタイルが浮かんでくるのではないだろうか？

ペルソナ設定では、ユーザー像を浮き彫りにするような仮説設計を行うことで、ペルソナ周囲まで囲い込む、更なる仮説づくりが容易になるメリットがある。

115｜ペルソナのライフスタイルをデザインする

●「コミュニケーションデザイン」でペルソナの身辺を巻き込め

ペルソナ設定は、「仮説」で構わない。その仮説で進めることで、より細かいシナリオづくりが生まれるのだ。

ペルソナの策定では、そのライフスタイル全般にまで目をむけることが必要。そこで、この細かいプロファイリングを想定することで、消費行動のシーンまで見えてくるからだ。企業業種や役職から、利用しているメディア媒体が想定できる。居住地や家族構成や年収想定から、可処分所得の計算が立つ。そして周囲にどんな友人関係やコミュニティがあるのか？　それらライフスタイル全般を想定していく工程を「コミュニケーションデザイン」と呼ぶ。
「コミュニケーションデザイン」の策定により、媒体ごとのプロモーション手段や、周囲の友人やコミュニティにまで、どう口コミを拡げるか？拡がりのあるプロモーションを施策することが可能になる。

116｜コミュニケーションデザインが集客に効く理由とは!?

●ペルソナの周囲を巻き込み成果を最大化する

ペルソナのライフスタイルを、より広く、そして深く仮説立てていくことで、「コミュニケーションデザイン」という手法を採り入れることができる。

これは、ペルソナの周囲にある人間関係や情報メディア・媒体などの相関関係をイメージして行く手法である。普段どのような人とつながり、どのようなコミュニケーションを取っているか？　どのようなメディアを閲覧・利用して、どのような情報を得ているか？　そしてコンバージョンに至っていくかを図解化したものだ。

たとえば上司・部下など会社の組織概要や、プライベートでの交流関係、休日の過ごし方、読んでいる雑誌や情報収集の手段、SNSの趣向など、ペルソナを取り巻く環境やライフスタイルを多岐にわたって詳細イメージ像として創り上げて行くことにより、コンバージョンに結びつくタッチポイント（ユーザーとサービスやウェブとの接点）や、意思決定に必要なキーパーソンの存在、そしてコンバージョン完了までのプロセスを仮説立てることができる。

117｜コミュニケーションデザインの活用方法

●コミュニケーションデザインでSNSやステップメールと連動させる

コミュニケーションデザインをイメージしていくことで、たとえばウェブサイトを1次プロモーションとすると、「ペルソナは情報収集志向であるからウェブサイトでメールアドレスを取得して、ステップメール（複数回に分けて、段階的なメール送信を行うマーケティング手法）で情報発信が有効」だったり「このペルソナの世代層は、Instagramユーザーが多いので、サイトと自動連携してシェアを狙う」など、２次プロモーションの戦略・戦術が見えてくる。Instagramは、投稿された文字よりも画像を閲覧することに利用の比重がおかれると言われており、画像を媒介して集客を行いたいケースに有効だ。

デザインとは、もともと「デジナーレ」というラテン語が語源である。そしてこのデジナーレとは、「設計」を意味している。つまり「デザインとは設計である」ということができる。その主旨に則ると、コミュニケーションデザインとは、「コミュニケーションを設計する」ということになる。すなわち、コンバージョンまでのシナリオの中心となるペルソナが、コンバージョンに至るまでのプロセスを設計するだけでなく、ペルソナの周囲にあるコミュニティを丸ごと狩りとることも設計できる、ということだ。

118｜コミュニケーションデザイン策定の３STEP その1

●ペルソナの嗜好メディアを策定する

コミュニケーションデザインの意義や主旨をご理解頂いたところで、実際の策定に落とし込む3STEPをご説明したい。

まずは、ペルソナが日常的に接するメディアを策定していく。TVや雑誌を含め、サイト、ブログ、SNSなど……現代ではユーザーが触れるメディアは多岐に渡っている。コア・ターゲットとなるペルソナの周囲に、「どんなメディアが存在するか？」そして「嗜好するか？」を想定していくことで、メインとなるウェブサイト内でコンバージョンを獲得するために、どんなプロセスや導線環境を構築すべきかが見えてくる。またメディアを策定することで、「“タッチポイント”をいかに拡大するか？」

というサーチも手がけることができる。

119｜コミュニケーションデザイン策定の３STEP その2

●ペルソナ周囲の人間関係、コミュニケーション手段を想定する

ペルソナがコンバージョンに至るプロセスには、ペルソナの周囲に存在する人物の承認や賛同が必要なケースもある。

たとえばBtoB向け商品サービスであれば、上司や会社組織の決裁が必要だ。家庭であれば高額な商品ならば、家族の賛同を得てから……というケースや、キッチンまわりなど、資金を払うのはご主人だが、実質的な使用者と決定者は奥様、というケースも想定される。「誰が実質的な決裁権者であるか？」というキーパーソンの策定は重要である。

またペルソナ周囲の人間関係では、「どのようなコミュニケーション手段が取られているか？」も重要で、そのプロセスや媒体上にタッチポイントを事前想定から意識的に配置させる、など広い視野を戦略的に持つことも大切だ。

120｜コミュニケーションデザイン策定の３STEP その3

●ペルソナ周囲を巻き取る成果の最大化手段を策定する

ペルソナ周囲にどんな人間関係やコミュニティを策定することは、コンバージョン成果を最大化するチャンスとなる。ペルソナ個人だけでなく、属している組織や懇意にしているコミュニティに拡販することができれば、それはCPA（コスト・パー・アクイジション＝顧客獲得単価）を抑えつつ、コンバージョンを伸長させる近道と言える。

どのような施策を打てば、ペルソナ周囲にまで訴求できるのかを設計しよう。その手段の一つが、「バイラルマーケットを創り出す」という考え方、いわゆる“口コミ戦略”だ。

人間は、自分が使ってみて良かったもの、そしてそれは自分がいち早く見つけた・採り入れたとなると、人に伝えたくなる・誇りたくなる、という「承認欲求」に基づく行動をとりがち、と言える。その心理を上手く利用させてもらい、ペルソナが自社サービスのインフルエンサー（情報拡散者）となってくれるように設計していくことが必要である。SNSが盛んな昨今においては、情報共有・拡散が活発なので、バイラルマーケィングはしやすくなった環境にある。ぜひ積極的に展開していきたいものだ。

以上のように、コミュニケーションデザインを設計する手順をみてきたが、大切なのは、これらの全ては、ほぼ「仮説」に基づき設計している、という認識をもつことである。PDCAサイクルの概念に基づき、実際のウェブサイトリリース以後に効果測定を行い、また改修施策にフィードバックしていくことが大切と捉えて頂きたい。

121 | 時間軸で考えるユーザーの体験仮説手法とは!?

●カスタマージャーニーマップという考え方

メディアが多様化している現代では、ユーザーが触れる情報チャネルやガジェット（機器）も同様に多様化しており、シンプルな企画概要図だけでは、UX（ユーザーエクスペリエンス）を測りづらいことが多々ある。そこで、先述のコミュニケーションデザインに時系列の要素を加えて、よりWebコンテンツや導線に落とし込みやすくする考え方が「カスタマージャーニーマップ」という手法だ。オンライン&オフライン両軸でのユーザーの体験や、行動モデルを可視化するのに有効なフレームワークとなる。

従来のWebサイト設計では、UI（ユーザーインターフェイス）すなわち「ディスプレイでどんな画面展開が行われるか？」という設計が主眼であったが、現在ではUIに加えて「ユーザーがどのような体験・時間を過ごせるのか？」というUXの考え方が重視されている。カスタマージャーニーマップを策定することで、WebサイトにUXを落とし込み、CV（コンバージョン）までの導線を、よりユーザー視点で仮説立てることができるのだ。

122｜コンバージョンまでの導線地図

●ユーザーの体験経路をデザインする

Webサイトでのプロモーションを見据えてカスタマージャーニーマップを活用するには、たとえば「このコンテンツページは、きっと休み時間や電車での移動時間にじっくり読んでもらえる期待が持てるから、PCメインではなくスマホファーストで設計すべきである」というように、ユーザーがそのコンテンツを求める背景や、ライフスタイル、利用されるシーンや時間帯などを想定して、先回りしてユーザーのウォンツに応えていく。

そのため、カスタマージャーニーマップでは、商品サービスに興味を持ってもらって、最終的なゴールであるコンバージョンへたどり着くための、一連のユーザーの心理や体験経路をデザインしていく必要がある。

仮説によるコミュニケーションデザインを活用しながら、定量・定性的両方の観点から、できる限りの実ユーザーデータを収集し、策定に組み入れて、より精度の高い新たな仮説にブラッシュアップしていくことが大切なのだ。

123｜カスタマージャーニーマップの策定方法とは!?

●ユーザーの“旅”を段階分けする

カスタマージャーニーマップとは、直訳すれば「顧客の旅の地図」である。その名の通り、ユーザーがオフラインで商品サービスと触れたり、ブラウザで検索をし、サイトにたどり着いて、CV（コンバージョン）に至るまでの一連のプロセスを“旅”に見立てて、可視化するのがカスタマージャーニーマップだ。

その策定の段階では、ユーザーの心理・行動ステージに合わせて切り分けていくと、ステップごとに検討すべき項目、採り入れるべき仮説シナリオ、そして打つべき施策が見えてくる。具体的には大きく分けると「認知」「関心」「コンバージョン」の3ステージが挙げられる。

それぞれのステージにおいて、「何を目的にするか？」「どんな行動アクションを取るか？」「タッチポイントとなるのはどんな要素か？」「現状の改善には何が必要か？」「成果を最大化するにはどんな施策を追加できるか？」を掘り下げて考えていきたい。

124｜ユーザーの訪問心理を策定する解析手法

●コンセプトダイアグラムという考え方

カスタマージャーニーマップと同じく、ユーザーの視点にたって、その心理や行動から、サイト内の課題や打つべき施策を策定していく手法に「コンセプトダイアグラム」がある。サイトへの訪問ごとやページごとのユーザーの遷移や行動1つ1つを心理的な仮説分析を行い、その行動に理由づけていく考え方だ。

たとえばWebサイトリニューアルでのコンセプトダイアグラムの活用方法としては、「特定の商品サービスへのコンバージョンに、平均5回の来訪を必要としているが、これを平均3回にまでコンバージョン獲得を早めるにはどうしたらよいか⁉」というような切り口で考えてみたり、「多くのユーザーが、このあたりでモチベーションが低下する傾向にある。リピート時にさらに有益な情報を与えてモチベーションを維持させるにはどういうコンテンツが必要か⁉」というような施策を考えるのに活用できる。

125｜ユーザーのタッチポイントに配慮する

●プロセスごとのタッチポイントでCSを確保する

これまでUX（ユーザーエクスペリエンス）、すなわちユーザーの購入プロセスや体験において「タッチポイント」について触れてきたが、このタッチポイントを補足しておきたい。

タッチポイントは、ブランドや商品サービスとユーザーとの接点のことである。そしてタッチポイントは「購入前」「購入時」「購入後」の3つのプロセスに分類される。これらの「接点」における体験の積み重ねにより、消費者の中でブランドが構築されることになる。

購入前タッチポイントは、Webサイトはもちろん、雑誌などの広告、DMなどが挙げられるが、口コミも大切なタッチポイントだ。購入時タッチポイントは、店舗・ECサイト、対面する販売員や営業マン、ラベル、パッケージ、試用・試食・試飲など。購入後タッチポイントは、配送・アフターサービス、カスタマーコールセンター、マニュアルなど。これらすべての「ユーザーが、商品サービスそのものや、その使用においてかかわる機会」において、満足できるかどうかが、大切なCS（カスタマー・サティスファクション＝顧客満足度）決定要素になる。

●参考　「タッチポイント」 https://www.marketingis.jp/wiki/タッチポイント

126｜マーケティングファネル構造においてCVを高める方法とは？

●コンテンツマーケティングで流入増加と離脱減少を両立する

Webサイト・プロモーションにおいて、検索や広告から流入したユーザーのうち、興味を持たない層が徐々に離脱したのち、絞り込まれた層が成約に至るというプロセスは、「徐々に絞り込まれていく漏斗（ろうと）状の構造（＝ファネル）」に見立てて、「マーケティングファネル」と呼ばれている。

ユーザーが検索でたどり着いたり、サイト内で長い時間、より多くのページを閲覧し、成約を増やすには、「流入ユーザー数」を増やし、かつ「離脱するユーザー」を減らすことを両立させるという考え方が必要だ。一見、その概念は「当たり前」のようでも、意識できているかどうかで、設計や運用コンセプトに大きな差がつくものだ。

マーケティングファネルにおいて成果をアップするには「コンテンツマーケティング」が有効である。コンテンツがユーザー検索の対象となり流入数アップに繋がり、コンテンツが充実していることで、サイト内回遊が活発になり、ユーザーのPV数（ページビュー）や滞在時間を良質化させ、離脱の抑止となると共に、ユーザーのアクセス数やリピート、そして滞在性がサイトの評価を高める要因となる。

127｜インサイト策定で押さえるべき概念

●ユーザーの検索行動を想起するにはインサイトにせまるべし

コンテンツマーケティングを仕掛けていくには、「ユーザーの検索行動を先回りする」という考え方が重要で、その策定にはユーザーの「インサイト」が重要な関連を持つことを述べた。

インサイトとは、ユーザーの興味・関心事であり、さらに言えば「ユーザーの消費者としての本音」とも言える。マーケティング的には、いかにWebというメディア媒体を活用して、ユーザーに「心の底から欲しい！」と思わせるような購買意欲を育ててあげていけるが、プロモーションの勝負どころである。

特に“モノ”があふれかえっている昨今、その商品カテゴリを必要としていないユーザー層に、他社商品より優れている点をアピールしても、それは購買意欲には繋がらない。たとえば、マイカーを持つことに興味がないユーザーに、ライバルブランドとの差別性やスペック比較を謳っても、それが購買の要因になることはごくまれだろう。いかにマイカーを持つ生活が、そのユーザーにとって付加価値をもたらすかを自分事としてイメージさせていく必要がある。

そのためには「なぜ今までマイカーを持っていないのか？」「どうすればマイカーを持つ動機になるか？」「マイカーがあることで、暮らしがどうなり、どんな付加価値を生むか？」「購買の障壁があるとすれば、それは何か？」「購入後のモチベーションを維持するためには、どんなアプローチが必要か？」など……ユーザーの視点に立って、“本音”と“核心”に迫るインサイト策定を目指したい。

●参考 「ターゲット・インサイト」 https://fuwafuwa.biz/marketing/target_insight/

128｜メディア戦略に活用する3つのマーケティングチャネル

●企業マーケティングの核となるトリプルメディア

多様化するWebマーケティングならびにソーシャルメディアマーケティングを戦略的に捉えるには、「トリプルメディア」の相関関係をしっかり押さえておく必要がある。「トリプルメディア」とは、企業と消費者ユーザーとの接点となり得る媒体を、「ペイドメディア（paid media)」「オウンドメディア（owned madia)」「アーンドメディア（earned media)」の3種に分類した概念だ。

ペイドメディアは、広告費用を支払うことで利用できるメディアで、4マス媒体（テレビ、ラジオ、新聞、雑誌）やWeb広告などが該当する。オウンドメディアは、自社独自の媒体として保有するWebサイトやメールマガジンが該当する。広い意味ではカタログ、パンフレット、会社案内 もオウンドメディアと呼ぶことができる。アーンドメディアは、SNSや外部ブログを指している。

3種それぞれに長所・短所があるので、その特性を理解し、お互いが補完できる関連性を持たせるのが、ユーザーとの良好なコミュニケーションを持続するポイントである。

●参考 「今さら聞けない！知っておかないといけないトリプルメディア戦略」 https://ferret-plus.com/1703

129｜トリプルメディアの長所・短所 その1

●ペイドメディアの長所・短所とは!?

ユーザーの関心を引くことを目的とする「ペイドメディア」は、広告費用を払えば出稿できるメディアであるため、短期的に成果を出しやすいメディアと言える。

特に長所として挙げられるのは、ユーザーの認知・周知を早められること。4マス媒体の出稿は、信頼に繋がり、Webリテラシーが高くない層にアプローチすることも可能になる。またWeb広告であるリスティングなどは、CTA（コール・トゥ・アクション）を備えたWebサイトと連携させれば、スピーディーに集客が可能となる。ペイドメディアの短所としては、ユーザーとの双方向なコミュニケーションが取れないこと、そして何よりも費用が掛かることだ。

ブランディングやWebマーケティングの初期段階ではペイドメディアに頼る必要があるが、徐々にオウンドメディアやアーンドメディアを機能させることで、ペイドメディアへの依存度はなるべく抑えて、その分の費用はコンテンツの制作や新たな投資費用として活用したい。

130｜トリプルメディアの長所・短所 その2

●オウンドメディアの長所・短所とは!?

自社で所有・運営する「オウンドメディア」は、自社の商品やサービスをブランディングし、「関心」という段階から「熟知」「ファン化」へとレベルアップする適した媒体と言える。よって、潜在顧客を顕在顧客に引き上げる「見込客獲得」や「顧客教育」を展開することができるということだ。

ブログをオウンドメディアと分類するか、アーンドメディアとするかは解釈が分かれるところであるが、サイト内ブログなど自社で構築し自己運用するブログはオウンドメディアと解釈でき、「アメブロ」などの外部ブログサービスはアーンドメディアと解釈すべきだろう。

自社で管理・運用を行うので全て自社の支配下……つまりコントロールもしやすいが、短所的な点として、オウンドメディアが機能するためには、期間を要し、閲覧ユーザーを囲い込むには、ペイドメディアやアーンドメディアと併用するなど、新規ユーザーの流入経路が別途必要である。

131｜トリプルメディアの長所・短所 その3

●アーンドメディアの長所・短所とは!?

SNSや外部ブログなどの「アーンドメディア」は、バイラル（口コミ・評判）の獲得に機能し、潜在顧客を広く開拓できる機会をつくれるメディアと言える。そして、ユーザーとの双方向のコミュニケーションを取りやすいのがアーンドメディアの長所と言える。

ただし、そのコミュニケーションの容易さから、ネガティブな方向にも作用しやすいのがアーンドメディアの短所とも言える。よって、発信するコンテンツが自社のブランドに対して世界観やコンセプト含めた「ブランド維持」の観点から適切な内容であるかのチェックや、頻度・担当・クレーム的なコメントがついた場合の対処法など、運用ルールをしっかり持っておく必要がある。

また、アーンドメディアは、ユーザーの拡散により、既存ユーザーの周囲にあるコミュニティーやコミュニケーションからの流入も期待できるのがメリットだが、それはコントロールができることではないので、別途ペイドメディアやオウンドメディアとの連携が必要である。さらに

「アーンドメディアから最終的にどうコンバージョン（成約）させるか？」という導線は、しっかり設計・運用していく必要がある。

132｜オウンドメディア・コンテンツは資産となる

●ブログコンテンツを資産化するには自社ブログで

長期的にユーザーの検索流入源となる「ロングテール・コンテンツ」は大切なアクセス資産だ。その資産を構築し、育てていくには、ぜひともオウンドメディアを最大限に活用していくことを推奨したい。

SEOの概念から、「どのようにコンテンツを設計すればユーザーの検索行動にヒットし、検索キーワードで上位表示できるか？」というマーケティング手法にも、オウンドメディアは適している。オウンドメディアは自社の管理下にあるために、全てのコントロールが自社にあり、自社が決定しない限り、大切なユーザー情報が削除されたり、コンテンツやアカウントそのものが消滅することもない。全てがWebプロモーション、ビジネス運用のための資産となるのだ。

アーンドメディアは、たしかに浮動層や潜在ユーザーの獲得や拡散には便利であるが、そのメディアの運営自体は他社が行うサービスであるので、継続の保証は全く存在しないのである。双方の長所と短所はしっかりと意識し、リスクヘッジも兼ねたコンテンツ運用を手がけていきたい。

133｜デザインには「選ばせる力」がある

●デザインは、最後のひと押しを決めることがある

たとえば音楽CDアルバムを買う場合、聴いたことがないアーティストのタイトルでも「ジャケットが気に入ったから」という理由で買った経験がないだろうか⁉　いわゆる“ジャケ買い”と呼ばれる購買形態だ。ほかにも、ジュースやお菓子選びで迷った際、「なんとなくパッケージが気に入ったから。美味しそうだから」と直感で買った経験がある方も少

なくないだろう。

何か複数の商品があって、どちらか一方に決めかねている場合、「機能」「品質」という本質にまでアプローチできないシーンでは、デザインが購買選択を左右する可能性が高い。つまりデザインには「選ばせる力」があるということ。

もちろん、根底にあるべきなのは、品質であり、ユーザーに提供できる価値であることの本質は不変であるが、やはりビジュアルも重要ということだ。

134｜写真の一手間を惜しまない

●写真レタッチ、そのひと手間が質感と期待を向上させる

SNSが全盛のネット社会において、自社メディアのSNS媒体にもスマホから簡単に写真画像をアップできるようになった。手軽にアップできるようになった分、写真のクォリティにも力を入れたいもの。写真の品質で、利用判断を左右してしまう業種、たとえば飲食業などは特に注意したい。

写真は、カメラの特性や、光など撮影条件の違いで、写真が青く仕上がったり、赤く仕上がったりする。特に青く出てしまった場合は注意が必要。食べ物が冷たく見えたり、鮮度が悪く見えることが少なくない。この場合、写真のレタッチアプリを使うなどして、青みを抑えて、赤味を補正で乗せると、見違えるほど“鮮度が良く美味しそう”“アツアツの出来立て”に映るケースが少なくない。Webサイトでの写真だけでなく、日々アップして多くのユーザーに目に触れる画像だからこそ、そのひと手間には気を遣いたい。

135｜配色が売上を左右する!?

●視覚のメリハリでコンバージョンをアップさせる

カラー、すなわち「色」は深層心理に作用を及ぼすといわれている。たとえば、産婦人科でピンクが多用されているのは、母性的な優しさで落ち着く効果を狙ったものであるし、中華やファストフードなどで赤い内装やテーブルを使うと、興奮作用で食欲が増進すると共に、落ち着きがなくなり、早く食べて退店する……すなわち回転率の上昇を助けると言われている。

Webサイトにおいても、CI（コーポレート・アイデンティティ）のカラーブランディングにあわせることももちろん大切であるが、パーツ要素の配色にも気を遣っていきたいもの。たとえば、問い合わせや資料請求、購入など「コンバージョン」（成果）に向かうための導線ボタンが、配色的に目立たなかったら……それだけで成約率が下がってしまうこともありえる。配色は時に売上さえも左右してしまう大切な要素である。

136｜カラー・ブランディングと言う考え方

●カラー・ブランディングはBIづくりの第一歩

「CI」（コーポレート・アイデンティティ）という言葉があるように、「BI」（ブランド・アイデンティティ）という言葉がある。企業や商品サービスが「ブランド」となり、コンセプトや打ち出し方を明確にすることで、より象徴的なブランドとなっていくための礎づくり……これが「BI」だ。

同時に「VI」（ビジュアル・アイデンティティ）という言葉もあり、「ロゴやカラーなどで、その企業やブランドそのものの具象イメージをユーザーに伝えるモチーフデザインを、どう構成していくか？」という考え方だ。カラーは、ユーザーがブランドを認識するのにも役立ち、VI作りには欠かせない重要要素だ。またユーザーのイメージに深く関わるため、「どういうカラー・ブランディングを行っていくか」、長期的な視野で戦略的に考案する必要がある。

デザインを経営資産とすることが当たり前の現代において、豊富で魅力的な商品のカラーバリエーション数や、ブランドを象徴するシンボリックなカラーを持つことは、現代にマッチした次なるブランド戦略の施策といえる。まさにカラー・ブランディングはBIづくりの第一歩なのである。
●参考　「カラーブランディング」 http://www.sikisai.jp/b-consulting.html

137｜配色設計の基本とは？

●「キーカラー」と「アクセントカラー」を構成する

Webサイトの配色設計を考える場合、コーポレートカラーや企業イメージに沿うカラーを配色の基軸となる「キーカラー」に採用するのがセオリーだ。企業や商品ロゴのメインカラーをWebサイトのキーカラーに設定するのが一般的である。

キーカラーを決めたら、Webサイトやコンテンツがよりリッチでインパクトのあるデザインに見えるよう、「アクセントカラー（差し色）」を設定する。キーカラーの補色（反対色）を使うと、よりコントラストが強調され、同系色を重ねて使うことで洗練されたイメージを演出できる。

いずれの場合にしても、大切なのは「商品サービスを引き立たせる配色バランスになっているか？」ということ。それから「導線誘導に役立つ、カラーユーザビリティが担保されているか？」という視点を持つこと。大切なコンバージョン・ボタンが、配色の失敗で埋もれて目立たずクリック率が落ちてしまうのは、避けなければならない。

138｜購買意欲を左右する“カラーのチカラ”

●カラーブランディングはユーザーの心理に作用する

「カラー」すなわち「色」は、ビジュアル的なイメージだけでなく、ユーザーの深層心理に作用して、行動にまで影響を及ぼすことは有名な話である。店舗づくりの内装で、どういうイメージカラーを採用してデザインするか、で購入や回転率にまで影響するとも言われている。

よってWebサイトでも、「どのようなカラーブランディングを行っていくか？」でユーザーの深層心理に働きかけ、コンバージョン率のアップに繋げていくことも可能だ。特に成約や問い合わせなどに繋がる「コンバージョンボタン」については、分かりやすい位置に置くだけでなく、分かりやすい配色にする必要がある。暖色には人を行動的にさせる効果があると言われている。もちろんBIの観点に立って、ブランドイメージに沿う配色を行う必要があるが、コンバージョンボタンなど、行動を起こさせる必要がある機能については、積極的に暖色を採り入れると良いだろう。

また、デザインにもよるが、カラーの割合が偏りすぎてしまうとメリハリがなくなってしまう。上手く「ホワイト」つまり無地の背景を組み合わせることで、ユーザーの目にも優しく、コンテンツがより活きてくるものだ。

139｜行動心理に効くカラーのチカラ「赤」

●購買意欲を掻き立てる「赤」を上手く採り入れる

「赤」は、企業の活動的な業務姿勢をアピールするのに適した色であり、購買意欲を喚起させる力があると言われている。

また売り上げ20％アップに繋がる色とも言われ、白との２色配色で、より誘目性を高めることから、セールやバーゲンのPOPに使われることが多い。ディスプレイをはじめ、より集客数を回転させるために、ラーメン屋やファーストフードなどの飲食店でも使用されやすいようだ。もっと具体的な意味づけとして、興奮色である「赤」「オレンジ」「黄色」などの暖色系で高彩度の色は、食欲増進作用であるアドレナリンを高めると言われている。

これは、店舗等でのオフラインだけに限ることでなく、オンライン上……つまりWebサイトのビジュアル的な心理効果にも活きてくる。先にも述べていることであるが、行動を起こさせるコンバージョン導線には、赤を中心とする暖色を配色することで、誘目性を高めるだけなく、深層心理への働きかけによりユーザーの高揚感を掻き立てるアプローチをしたい。

140｜行動心理に効くカラーのチカラ「青」

●信頼と安定感のある「青」は堅実なコンテンツに最適

信頼感や誠実さを感じる色として起用される「青」は、光学系や機械系のメーカーなど、製品の信頼性をアピールするのに適している。その堅実イメージから、官公庁、区市役所などの公的機関をはじめ、銀行や不動産、士業のイメージカラーとしても起用されている。赤とは逆に、脳の鎮静・集中作用であるセロトニンを高めるために、沈静色である「青緑」「青」「紫がかった青」などの寒色系で、低彩度の色が企業や図書館などで使用されていることが多い。

Webデザインや広告において文字情報が多い場合は、背景を白にすることで可読性を高めることができる。また、コントラストが弱い共通性のある配色を用いることが好ましい。爽やかさを演出できるカラーではあるが、食欲減退色でもあるので、飲食関係のWebサイトやパッケージでは使い方に工夫が必要だ。

141｜行動心理に効くカラーのチカラ「緑」

●自然や優しさの象徴「緑」

中性色である緑には、「バランス」「平和」「安定」といったキーワードがあるため、自然や優しさをイメージする色として起用される。よって、環境に配慮した企業姿勢やエコロジー商品を販売する企業などのブランドイメージとして最適である。ブルーを軸とした企業ロゴを持つエアコンブランドが、プロモーションサイトではブルー基調ではなく、あえてグリーンで展開したこともあった。環境問題で揶揄されることがある機器でもあるため、環境配慮へのアピールを狙って、グリーンを起用することでブランドイメージアップを図ったものと見受けられる。

配色バランスとしては、赤と緑は補色の関係。最もハレーションを生じやすい色同士のため、見やすさを主としたカラーコーディネーションには、あえて効果的に狙うシーンを除けば不向き。逆に言えば、彩やかさが増すため、食物の新鮮さをアピールする場合には欠かせないカラーだ。

142｜行動心理に効くカラーのチカラ「黄」「橙」

●快活な行動を促す「黄」「橙」

「明るい」「快活」「希望」といったキーワードの黄色は、人を前向きにするパワー力の色とされ、アルコールや薬物依存患者の社会復帰を図るリハビリ病院の壁などで採用されている。黒との配色で視認性を高めることができるため、危険表示で採用例が多い。そして黄色は免疫力や消化器系を助ける働きがあり、ビタミン剤をはじめ、健康食品等で採用例が多いのが特徴。

橙（オレンジ）は、赤と黄色の中間的な、特に温かい暖色と位置付けることができ、バランスが取れたカラーである。明るくポジティブな心理効果があるとも言われ、白地に黄色のCVボタンだと視認性に難が出るリスクがあるが、橙なら白地とのコントラスト性が確保できるので、CVボタンに適と言える。

赤と共に、高揚感と行動を掻き立てる効果があるカラーであるため、Webサイトのアクセントづくりには最適であろう。

143｜行動心理に効くカラーのチカラ「ピンク」

●女性らしさの象徴「ピンク」

「女性らしさ」「ロマンチック」「至福」というキーワードのピンクは、

ドーパミンやβ-エンドルフィンという幸福を感じる脳物質の活性に効果的といわれる。ピンクのカーテンや花を装飾するだけで、穏やかな気分になったり、若返り効果にも繋がるともいわれている。産婦人科をはじめとする病院の内装にピンクが多用されるのは、この効果を狙ってであることは言うまでもない。また欧米では、犯罪者の厚生施設でピンクを使うことで、心理的な鎮静を促している事例もあるようだ。実際に再犯率が低下したというデータもあるので、裏付けのある事実である。

このような心理作用があるピンク色を生活に取り入れることで、心穏やかになり、美容や健康にも良い影響を受けられる。時に人間の性格や行動までをも塗り替えてしまうカラーを、ブランドづくりやWebプロモーションに活用しない手はない。

144｜行動心理に効くカラーのチカラ「紫」

●エレガントの象徴「紫」

自然の中では少ない色であるため高価な色とされていた。「高貴」「気品」「神秘」というキーワードの紫は、女性の柔らかさ・エレガントさをより表現しやすい色。女性用商品で採用例が多い。「個性的」「直感力」ともいわれる色であり、こだわりある男性のファッションや小物なども多い。また、物事の本質を見抜く才能につながるスピリチュアルな色でもあるため、ヨガスタジオなど精神リセットを図る癒しの場所でも使用されている。遠い昔から宗教色として尊ばれてきた色であり、潜在能力を高める色であるとも言われている。

スピリチュアル系のWebはもちろん、巧く紫を採り入れることで、商品に高級感を備えることができるカラーだ。

145｜行動心理に効くカラーのチカラ「黒・白」

●コンテンツを引き締め惹き立たせる「黒・白」

黒を基調とするモノトーンは、彩度がない分、華やかに魅せるには技術とセンスが必要になるカラーだ。しかし、逆に効果的に使えば、コンテンツを惹き立たせるカラーでもある。歌舞伎や舞台に「黒子」という役回りがあるが、これは主役が華やかに演じ、かつシナリオが円滑に進行するサポートをする重要な役割を演じている。目立たず、なくても良い役ではなく、必要不可欠な役なのだ。

白にも同様の効果がある。多くの色とマッチングが良く、コントラストを出したり、目を休ませるのに「白」のバランスを巧く採り入れることはデザインセンスを要する見せ所だ。

高級感を演出するには、黒を巧く採り入れることで重厚感が増し、他のカラーを惹き立たせるには白を使うことで軽涼感でカラーのウェイトバランスをコントロールできる。彩度のない黒と白を使いこなせることは、巧いデザインなのである。

カラーの使い方で重視すべきことは、あくまでもコンテンツを最重要視、最優先すること。ブランディングにカラーは大切だが、それはコンテンツや、ブランドそのものの価値をユーザーに認められてこそ発揮するものであることを忘れてはならない。

146｜カラーはフィジカルに作用する

●色遣いは身体的な作業効率にも影響がある

カラーに詳しくない方でも「膨張色」「収縮色」という表現を聞いたことがあるのではないだろうか？　同じ体型の人でも、暖色系の面積が大きい服を着ればやや膨張して見え、逆に寒色系の面積が大きい服を着ればやや収縮して見える、という作用である。また、カラーには重量感という要素もあり、色相やトーンに関係なく、明度の低い＝暗い色ほど重く、明度の高い＝明るい色ほど軽く感じられる作用がある。

これに目を付けたのが、運送業界。いわゆる「段ボール」という素材は、ライトブラウン基調の素材が多いが、引っ越し便や「ゆうパック」ではホワイト地の段ボールボックスが採用されている。これは、実際に従来のライトブラウンのボックスで作業を行っていた時よりも、現行のホワイト地での作業のほうが稼働率が優れているというデータが裏付けられたからである、と言われている。カラーがフィジカル、すなわち身体能力・効率にまで作用する証である。

「たかが色」と侮ることなかれ、「Webサイトでどんなカラーブランディングを行うか？」「どんなパーツ配色を行うか？」で、ブランドの方向性や、コンバージョンの効率にまで変化が及ぶのだ。

●参考　「IROUSE」http://www.geocities.jp/net_t3/color/index.html

147 | Web設計をビジュアライズする

●ワイヤーフレームで設計を可視化する

Web設計には大別すると「コンテンツ設計」と「導線設計」がある。この2つを1つの設計に落とし込むのが「ワイヤーフレーム設計」という工程だ。改めて、「コンテンツ設計」と「導線設計」の役割を確認しておく。

・「コンテンツ設計」……市場・競合調査、事業ドメインの策定によって必要となるコンテンツ要素を洗い出し、クリエイティブの根幹を設計していく。CI（コーポレート・アイデンティティ）にもかかわる、ブランディングの第一歩。
・「導線設計」……サイト内で、ユーザーにどのようにページ遷移させるかを設計する。ナビゲーションや、カラム構成、そしてコンバージョン（CV。問い合わせ、申し込みや購入などの成果）ボタン等、ユーザーの視点で「分かりやすさ」と「使いやすさ」を担保するのが最優先。

コンテンツ設計もさることながら、導線設計が不明瞭なサイトはCVに結びつきづらい。これらを、一枚の枠画像の中にレイアウトとして、「どこにどんな機能と役割があり、どこからコンバージョンページに遷移させるか？」を可視化するための「要素配置図」……これが「ワイヤーフレーム」だ。ワイヤーフレームを作成することで、戦略的に立案した集客アイデアや成約への導線をビジュアルで可視化することができる。

148｜ワイヤーフレームで手掛けるべきチェックとは？

●クロスチェックで、新たなCVポイントを創り出す

ワイヤーフレーム設計では、極力Webサイト全ページ分を作成することを推奨する。その理由として、「ユーザーがどのページの、どこから他ページに遷移できるか？」を検証しやすくなることで、導線の“袋小路”を排除することができるからだ。

これは逆説的に言えば、“新たなCVポイント（コンバージョンポイント＝成約への導線）”を創り出すことにも繋がる。ワイヤーフレームという「要素配置図」を作ることで、「ユーザーが興味を持った瞬間にオーダーできる導線はないか？」「この場所に、問合せや見積へのボタンを配置しておけばユーザーが便利」など、ユーザーの心理＆視線で設計を円滑に進めることができるのだ。それを各ページでクロスチェックで検証することで、“袋小路”という「導線の行き止まり」を排除しつつ、かつ新たなCVポイントを創り出す可能性を高めていこう。

149｜“モバイル・ファースト”という考え方

●ユーザーのライフスタイルに合わせてUIは最適化すべし

昨今では、スマートフォン、いわゆる“スマホ”の台頭やタブレットの普及により、パソコンを持たない若年層ユーザーも増えてきた。それらのガジェット（機器）の高性能化と、モバイル回線の高速化により、

若年層ユーザーが好む動画やゲームなどでの通信環境に耐えうるようになったのも現象を後押ししている要因と思われる。

移動中の交通手段の中や、休み時間での“暇つぶし”などにも、スマホやタブレットでインターネットを利用するユーザーは多く存在している。自宅でも、パソコンを持たないユーザーは、必然的にモバイル・ガジェットでの“ネット・サーフィン”となる。この現象により、ここ数年で、Webサイトへのモバイルを経由したアクセス、通称“モバイル率”は、ずいぶん上昇している。ライトに読める感覚のコンテンツサイトなどでは、大半のアクセスがモバイルによるもの、というWebサイトも少なくないようだ。

そんな“モバイル全盛時代”にあっては、Webサイトの構築も、モバイルユーザーの閲覧を最優先したUIユーザビリティーを担保する「モバイル・ファースト」の設計が望ましい。ユーザーのライフスタイルや、コンテンツが利用されるシーンやガジェットにより、最適なUIを提供する。これが何よりのユーザビリティである。

150｜モバイルUI 2つの形式 その1

●マルチデバイス対応の「レスポンシブ・Webデザイン」

「モバイル・ファースト」によるUIの対応には2つの手法がある。1つはHTML 5とCSS 3による、マルチデバイス対応の「レスポンシブ・Webデザイン」という考え方。Webサイトにアクセスするガジェットのディスプレイ解像度にあわせて、UIがサイズ可変する、という仕様である。「レスポンシブ・サイト」では、「PCとモバイルの最大公約数」的な考え方でUIを組む必要があるため、若干、コンテンツの見せ方やデザインに妥協をせざるを得ないデメリットが発生することがある。そのかわり、「1つのサイトをデバイスに合わせて可変させる」という考え方で制作するため、Webサイトを複数分作るようなコストを掛けずに、ローコストにセーブできるメリットがある。サイトの更新運用も1サイト分の手間とコストになり、ポピュラーなモバイル対策となっている。

151｜モバイルUI 2つの形式 その2

●妥協なきユーザー対応をモバイル実装する「リダイレクト型」

「モバイル・ファースト」のためのUI設計のうち、もう1つの手法が、パソコン専用のUIと、モバイル専用のUI、両方を用意し、「ユーザーエージェント」……つまりユーザーが、どのガジェットでアクセスしているかを判別し、表示させるUIを分岐する「リダイレクト型」である。

ユーザーのアクセス・ガジェットにより、表示されるデザインが異なるので、意図したUIならびUX（ユーザー・エクスペリエンス）を提供できる。その分、開発にも運用にも単純計算で2倍とも言えるコストが掛かることになる。

妥協なくデザイン性や、機能性をWebサイトで展開ができるので、PCとスマホでユーザーのWebサイト用途が異なる場合や、優先機能が異なる場合に有利なモバイル対策である。

152｜「モバイル・ファースト」で求められる視点とは？

●大切なのは、いつでもユーザー視点でのユーザービリティ

「モバイル・ファースト」において、「レスポンシブ」「リダイレクト型」……いずれを選択する場合にも、大切なのは「ユーザー視点でのユーザビリティー担保」という仕様設計だ。

そのためには、サイト・リニューアルの場合には、アクセス解析によりモバイル率のリサーチと、各コンテンツページでの傾向精査が必要になり、新規サイト制作では、カスタマージャーニーマップなどを活用し、自社サイトでのスマホコンテンツの有用性や、想定できるUXでのベネフィットの強化など、あらゆる角度からスマホユースの可能性を仮説だ

てて設計・実装していくことが望ましい。

スマホ対応やリテラシーが高くない業種・業界では、スマホ対応によって競合との勢力図描き替えを狙えるほど、事業成果にインパクトをもたらすのが、この「モバイル・ファースト」という考え方である。

153｜ランディングページとは？

●トップページからユーザーが閲覧するとは限らない

昔のWebサイトは「ENTER」などの入り口ページがあり、そこから順に見ていくのが主流であった。現代型のWebはGoogle、Yahoo!など検索ツールが充実し、ユーザーの検索行動もそれに伴って多様化してきた。よりピンポイントな、ユーザーが自分が求めるアンサーに応えるサイトにたどり着けることを望んでいるからだ。よって、検索して検索結果の画面から、見るべきサイトを選んでユーザーはWebサイトに到達する。

その到達先は、必ずしもトップページとは限らず、サイトを構成する下層ページから到達することも十分ありえる。意図的にトップページに誘導するようなコンテンツ構成になっていない場合は、むしろ下層ページからユーザー流入が発生するケースも少なくないくらいだ。

だから、Webサイトでは、「ユーザーがどのキーワードで検索した場合には、どのページに到達するか？」を能動的に捉えてコンテンツを用意する必要がある。それが「ランディングページ」という考え方だ。従来サイトのアクセス解析を行う場合、どのページが主要ランディングページとなっているのか？　チェックする必要がある。

154｜反応率を２倍にするLP作り その1

●キャッチコピーの「〇〇」は明確か？

企業イメージを伝えるためのコーポレートサイトや情報を伝達するポータルサイトではなく、何かキャンペーンを打ったり、資料請求など興味訴求を仕掛けるWebマーケティングではLP（ランディングページ）にSEMやSEO、SNS対策を組み合わせるのが基本的な集客施策となる。この組み合わせでLP流入後の反応率、すなわちCVR（コンバージョンレート）が芳しくないようであれば、LPでのクリエイティブや導線を見直していく必要がある。

その改修の重点施策の一つがキャッチコピーの見直しだ。まず「ターゲットとなるユーザーは明確であるか？」の前提となるが、「LPのキャッチコピーを“自分事”に重ね合わせられるかどうか？」そして、「効果を実感したり問題解決できるまでの期間や実現できた人数や率など、具体的な「数字」の実績根拠が明確か？」も見直していきたい。

たとえば「短期間の使用で驚くほどの効果を実現！」と言っても、「具体的にどれくらいの期間で、どれほどの効果が出たのか？」イメージするのは困難だ。これが「たった1か月の使用で、80%のユーザーが効果を実感！」とすると、より具体的に成功イメージができ、商品に期待も持てるだろう。

LPでは、まったく未知であったユーザーが流入しての初見である可能性も少なくない。よって反応率を高めるためには、キャッチコピーでの「数字」訴求がよりCVへの近道である。

155｜反応率を2倍にするLP作り その2

●行動を促すCTAを盛り込む

資料請求、問い合わせ、購入・申し込みなどのCV（コンバージョン＝成約）に向かわせるための「行動喚起」をマーケティングでは「CTA（コール・トゥ・アクション）」と呼んでいる。このCTAは、フォームなどに遷移させるためのバナーボタンなどで、適宜適所に配置することはもちろん、「行動喚起」という意義通り、ユーザーの行動を促すテキストと組み合わせたい。

たとえば、「資料請求はこちら」「無料サンプル申し込みはこちら」などよりも「こちらから資料請求を行う」「無料サンプル送付を申し込む」など、ユーザーを主体として取ってもらうべき行動や意思決定を明示することで、潜在意識に行動を働きかけるということだ。これによって、CVR（コンバージョンレート）が上昇した事例はたくさんある。

またCTAのバナーボタンも、ボタンと分かるように背景とは差別化すること。形状のみならず、コントラストの高い配色を心がけたい。暖色でユーザーのモチベーションを高揚させるのも一つの方法だ。テキスト＆デザインの総合的なクリエイティブで、ユーザーの意思決定と行動を促していこう。

156｜反応率を２倍にするLP作り その3

●ファーストビューを整理する

ユーザーがWebサイト訪問で最初に視界に入るファーストビューは、LP（ランディングページ）においても重要な要素。人間は視覚情報を最優先し、その意思決定は2〜3秒で行われる、と言われるように、Webサイトのファーストビューでも3秒以内に閲覧継続が判断されるというのが定説だ。縦長スタイルのUIが主流であるLPでは、ファーストビューでのユーザー判断が、「ユーザーのスクロールを獲得できるか？」の生命線となる。

よって、キャッチコピーを含めて重要な要素は極力ファーストビューに盛り込みたいが、“情報の詰め込みすぎ”には注意したい。すなわち「有利な情報を見せよう」と意識しすぎるばかりに、ファーストビューの情報量が過多になり、結果、メリハリがなくなって、訴求力がぼやけてしまうのを避けなくてはならない。

何のWebページかが瞬時に伝わるタイトル、ユーザーが自分事に置き換えられる訴求力をもつキャッチコピーとサブキャッチコピー、補足となるコンテンツ対象やアイキャッチと、関連性のあるキービジュアル画像。レイアウトにもよるが、この要素をいかに整理して、余計な要素は省いてスッキリさせる“引き算型”でレイアウトできるか？　これも成果を出せるLPのポイントだ。

157｜反応率を２倍にするLP作り その4

●ユーザーレビューには印象深い見出しを付ける

LP（ランディングページ）に限らず、ユーザーレビュー（お客様の声）は、商品サービスの信頼性を高める、新規ユーザーにアピールするための有効な信頼資産だ。可能であるなら、顔写真付きで、実名・年齢・居住地を掲載したい。

それと同時に、「見出し」をつけることが重要である。レビューを寄せてくれている本文を一言で語るとどういうことか？　そのユーザーはどんな状況から何を解決できたのか？　どんな付加価値やベネフィットを得ることができたのか？　見出しを読んだユーザーに、レビュー本文を読んでみよう、と感じさせ、かつCV（コンバージョン）へのモチベーションを前進させる印象づけを行いたい。

「きっとユーザーはこういうことを求めている」「こういう事例があれば購買意欲がアップする」「ユーザーがCV決定にすぐ至れないのは○○が不安だからだ」……そういった心理やウォンツへの“足りないパズルピース”を鋭く見つけ出し、レビューの中からキーワードを紡いで見出しにてアピールすれば、ユーザーの購買意欲に訴求できるはずだ。

158｜反応率を２倍にするLP作り その5

●コンテンツの“長さ”は最適か？

一枚物のLP（ランディングページ）は、通称“ペライチ”と呼ばれることがある。このペライチスタイルでのLPで留意したいのが、コンテンツの長さだ。たまに見かけるNGな事例として、「いつまで経っても必要な情報が出てこず、ひたすらスクロールで不要な情報を読み飛ばさなくてはいけない」「肝心な価格を知りたいのに、縦長の膨大なコンテンツを延々進めていかないと出てこない」というLPがある。

たしかに「ユーザーがコンテンツを閲覧していくうちに、購買意欲を高めていく」というプロセスをつくるのは大切であるが、ユーザーが求めている以上のコンテンツを、しかもCTA（コール・トゥ・アクション＝CVへの行動喚起）が埋もれるようなUIをみすみす作り出すのは本末転倒と考えるべきだ。

ユーザーの視覚情報によるアクセス解析を行う「アイトラッキング分析」という手法の一つである「ヒートマップツール」で検証しても、コンテンツが下に行けば行くほど注目率は下がる傾向にある。ペライチのLPではユーザーの興味・意欲を低下させない適切なコンテンツ量を意識すべきであり、もし1ページ内でコンテンツを長くする場合には、中途でCTAを挟む、そしてデザインやレイアウト的なメリハリをつける、という意識が必要だ。

159｜反応率を2倍にするLP作り その6

●権威付けはできているか？

Webサイトで販売されている商品サービスが、来訪したユーザーにとって認知のないものであった場合、まずはユーザーが「この商品は信用・信頼できるのか？」という吟味を行うので、Webサイトのコンテンツがそのハードルを越える必要がある。手にとって見えない商品、見たことも聞いたことも商品やブランドを即座に信用できないのは無理もないユーザー心理だ。

その「心理障壁」とも言えるフェーズを打破するには「権威付け」という考え方が有効である。「○○賞受賞」「☆☆ランキング1位」「業界の権威や著名人の推薦」など、ユーザーの「これならきっと大丈夫」という安心を喚起する信頼情報をアピールするのが、Webサイトにおける権威付けだ。見ず知らずのユーザーが安心できる実績アピールでCV（コンバージョン）へ向けてのモチベーションをまず確保したい。

160｜反応率を２倍にするLP作り その7

●魅力的なクロージングオファーはあるか!?

LP（ランディングページ）という媒体で、ある意味"短期決戦的"にCV（コンバージョン）を獲得するには、ユーザーの「今すぐ購入決定すべき」という緊急性を喚起していきたいものだ。

その際に有効なのが「クロージングオファー」という考え方である。オファーとは、「提案する・申し出る」といった語源で、マーケティング用語としては「売り手と買い手の取引条件・特典」のことを指している。具体的には「先着○○名様限定プライス」「○月○日までの特別価格」など、限定性・時限性を持たせることで、CVの意識決定を促す作用を狙ったキャンペーンだ。

どれだけ、魅力的かつ付加価値性のあるオファーを組み込めるか!?これがLPで効果を発揮するクロージングオファーの決め手となる。

161｜反応率を２倍にするLP作り その8

●LPOは文字どおり最適化を目指して継続運用する

ここまでに見てきたように、LP（ランディングページ）を改善して、成果の最大化を目指していくことを「LPO（ランディング・ページ・オプティマイゼーション＝ランディングページ最適化)」と呼んでいる。このLPOは、一度"最適"と思われる成果に繋がったとしても、その現状に満足して改修運用をストップしてしまわない意識を持っていたい。

トレンドやブームという言葉がある通り、Webマーケティングの世界でも、相場は生き物である。新たな競合や商品サービスも参入してくるリスクは絶えず存在し、市場のトレンドやユーザーのニーズやウォンツも常に変化があり得る要素だ。それらの要素に総合的に最適となるLPは常に模索したい。たえずその潮流に対応していくことで、シェアやブランドも守られ、また積み上がっていくはずだ。

162｜反応率を2倍にするLP作り その9

●LPOにおけるEFO

LPOにおいて、コンテンツの最適化を図ったのであれば、同時に、CVR（コンバージョンレート＝成約率）上昇を確かなものにするため「EFO」（エントリー・フォーム・オプティマイゼーション＝フォーム最適化）について再確認しておきたい。ユーザーがフォームまでたどり着いて、最終的なCVとして囲い込めないのは、致命的な機会損失であり、由々しき事態と言わざるをえない。

・入力項目が多い
・電話番号など、そのCVでは不要な個人情報を入力しなくてはならない
・英数入力で半角全角が混在する
・入力必須項目が多い　　など

あなたが「自分が入力する立場だとしたら……」とユーザーの目線に立てば、そのフォームをどう思うか分かるだろう。LPはCVに向かう大切な集客導線。その一期一会のチャンスをしっかり活かしたい。

163｜ユーザー視点でのWeb設計のコツとは？

●"先回りする"という考え方

「ユーザー視点」でのWeb設計を徹底する場合、あらゆる要素において「ユーザーの思考や要望を先回りする」という角度で考案すると万事が良い形でおさまる。ユーザーが探している商品サービスに対して、どんな情報が欲しいのか？　どんな条件が揃えば購入決定に至るのか？　逆に、このWebサイトで今買わないとすれば、その理由は何なのか？　購入から納品までの手続き及び発送では、どうすればユーザーにとって利便性が良いのか？

「自分がユーザーだったら……」という視点で考えて、そしてあなた自身が「こうしてほしい」ということを“先回り”するように、Webサイトに落とし込んでいく。Webサイト設計とは、ユーザーの行動と心理を先回りして、“おもてなし”を具現化していくサービスなのである。

164｜ユーザーが自社サイトにたどり着く理由を紐解く

●検索意図を先回りし、複合キーワードを導き出す

Webサイトでコンバージョンという成果に繋げるためには、「ユーザーが何を求めて自社サイトにたどり着くのか？」という仮説を持っておく必要がある。

新規ユーザーの多くは、Webサイトに自然検索か、広告経由という、何がしかの検索行動の結果によってたどり着くことがほとんどだろう。そこには、ユーザーが「○○の情報を知りたくて、知る必要があって、その情報を回答として示しているWebサイトを閲覧したい」という「検索意図」が存在するのだ。その検索意図を汲み取って、まるで先回りするように、問いに対するアンサー、すなわちコンテンツの形でWebサイトで明示するのが、Web運用サイドの役割である。

ユーザーが情報を検索する場合には、1つのキーワードで検索するより、自分が求める情報に少しでもたどり着きやすくするために、関連語を組み合わせた「複合キーワード」を活用することがほとんどだろう。

ユーザーの心理に少しでも近づき、検索意図を策定して、より成果に結びつきやすい複合キーワードを仮定して、検索対策に活用したい。

165｜Webサイト内でユーザーに提供したい“機能”とは!?

●ユーティリティ性を意識してユーザーの役に立つ

ユーザーがWebサイトに来訪する根本的な理由と目的に立ち返ってみると、ユーザーは何がしかの情報を調べたいか、何かを購入したり、購入や申し込み検討のために資料を欲して訪問することが多いだろう。もしくは、余暇にコンテンツを閲覧することで楽しむためや、サイトがもつコミュニティに属する人々とのコミュニケーションを楽しむなどのエンターテイメント目的という趣旨もあるだろう。

これらのユーザーの理由・目的に、Webサイトは応えていく必要がある。ユーザーにとって「有用である」「機能的である」「有益である」など、それらを一言でまとまると「ユーザーの役に立つサイト」ということになるが、すなわちWebサイトがユーティリティ性を持つべきである、ということを意味している。

自社が展開するWebサイトのユーザーが、どんな来訪目的、検索意図をもっているのかを先回りして設計する必要があり、その結果をコンテンツの形でユーザーに提供し、役立てていただく意識が大切だ。

166｜Web成果の源は○○にあり

●仮説づくりは最適解への最短ルート構築

成果を目指すWebサイトにおいて、重要な工程は綿密な「Web設計」にあり、と再三述べてきているが、その設計行程の中でも、最も大切な要素の一つが「仮説づくり」である。絞り込んだコア・ターゲットユーザーである「ペルソナ」も、ペルソナが要望として抱いている「ウォンツ」も、「どのようにしてWebサイトを閲覧して、コンバージョン（成約）に至るか？」という導線も、それは全て仮説に基づくものである。

時折、「100％整合性を担保できないペルソナ像を設定することに、何の意味があるのか？」という懐疑的な意見を聞くことがある。Webサイトに流入してくるユーザーと100％は合致しない、という点では一理あるようにも思える。だがしかし、逆説的に言えば、「ではペルソナを設定しなかったら、誰に向かって訴求メッセージを発信し、どうコンテンツと導線を組むのか？」ということになる。もし、こうした仮説を「無設定」で設計を進めるとしたら、まるで雲をつかむような作業になるだろう。「そのWeb設計が正解だったのか!?」を検証する“拠り所”も存在しないことになる。

「Web設計における仮説づくり」とは、あくまでも指針であり、効果検証を行う際のベンチマークと捉えれば良い。その仮説が正解であったなら、さらなる成果最大化を目指し、仮説が間違いだったのあれば、コスト的にも時間的にも最短で改修に努める。仮説づくりは、Web集客において、最適解にたどり着く最短ルート構築なのである。

コラム｜「影響言語」でユーザータイプ別に訴求を司る

■ユーザーの購買意欲を高めるには、ユーザー心理に迫るべし

Webサイトビジネスに限らず、すべての商売においてまず念頭に置くべきこと。それは「購入意思決定のジャッジメント権はユーザーにある」ということ。当たり前の話ですが、商品サービス提供側が、ユーザーの購入を決定するのではなく、ユーザーが「必要に応じて購入するかどうかを決定する」ということです。

つまり、Webマーケティングを講じる際には自社視線で「ユーザーにどう売るか？」という角度ではなく、ユーザー視線で「ユーザーにどう買って頂くか？」という角度で考える必要がある、ということです。そ

のためには、「どうすればユーザーが、商品サービスを買いたいと思うのか？」という「ユーザー心理」に迫る必要があります。

具体的には、Webサイト制作の根幹となる「Web設計」のフェーズにおいて、自社の商品サービスに最もマッチするユーザーが誰なのかを策定し、そのペルソナとも言うべきコア・ユーザーが求めているコト・モノの本質を見極め、コンテンツに落とし込んでいく……さらには、競合にはない、自社だからこその独自性、すなわち「USP」を訴求し、ユーザーの付加価値体験「ベネフィット」に繋げていく。私のオリジナル呼称であるベネフィットマーケティング「ベネマ集客術」は、ユーザー心理を策定していくことで、その精度がさらに上がるのです。

■ユーザータイプ別に、“刺さる言葉”が異なる「影響言語」

Webサイトでは、ユーザーがコンテンツを閲覧して「これは自分にマッチした商品サービスだな」と共感をおぼえる。もっと言えば「これは、自分のための商品サービスだな」と“自分事”として捉えられることは、CV（コンバージョン＝成約）に向けた第一歩です。この時、ユーザーは、コンテンツに触れることでページスクロールやページ遷移など「閲覧継続」を決定するので、ユーザーとテキストコンテンツの相性は、とても重要な要素になります。

つまり、ユーザーにとって「耳触りの良い、響きやすい言葉」「行動に移しやすい言葉」に触れるのであれば、「閲覧継続」や「CVへ向けた更なる興味」という成果に繋がりますが、「何となく生理的に受け付けない」「興味として響かない」という印象だと、「サイト離脱」というNGな結果に繋がるリスクがあるということですね。

心理学用語で「内的基準型」と呼ばれるタイプは、自分で判断したり、自己満足や自分自身での評価が重要な判断基準です。よって、たとえばブティックで洋服を購入する場合にも、試着して自分が気に入るかどうかが最重要ポイント。バイヤーさんや同行者が見て似合うかどうかのコメントは、あまり重要な要素ではありません。

逆に「外的基準型」と呼ばれるタイプは、客観的な数字や実績を重視、他人の評価を必要とします。同じショッピングの事例で言えば、「バイヤーさんや同行者から見てどう映るか？」が重要な購買決定要素なのです。全くタイプが逆ですね。

このタイプ別の性質は、Webサイトのテキスト……すなわち「言語」においても重要な役割を果たします。前述の「内的基準型」タイプには、「あなたはどう思いますか？」「あなた次第です」「ご自身で決めてください」などの、自分軸の判断基準が重要です。よって、何か行動を促すメッセージでも「今すぐ資料請求をしましょう。リンクはこちら⇒」という感じで他人目線で行動を決められることには、興味を示さないどころか嫌悪感すら感じることがありえます。「今すぐ資料請求をする」という、自らの意思決定でリンクボタンを押すようなコンテンツであってほしいのです。このような感じで、ユーザーのタイプ別に行動の影響要素となる言語を心理学では「影響言語」と呼んでいます。

「外的基準型」の場合はどうでしょう？ 「影響言語」のサンプルでは、「統計によれば」「全国の皆様から反響を頂いています」「評判となるでしょう」などが挙げられます。「周囲がどう思っているのか？　どう映るのか？」ということが重要なので、「90％のユーザーがこの商品を“良い”とアンケートで答えました」などが、購買決定の上で「安心材料」となるわけです。

Webサイトでユーザーが閲覧する場合、どんなタイプのユーザーが閲覧するかはランダムです。よって、あらゆるタイプのユーザーが閲覧することを想定して、タイプ別の言語を使い分けて散りばめることが重要です。

■「影響言語」を意識したキャッチコピーの作り分け

「影響言語」を軸とする心理学のWebマーケティング活用に有効な代表

タイプに「目的志向型」&「問題回避型」があります。前者は、読んで字の如く「最終的にどんな成果を手に入れるか？」が重要です。後者はその逆で、「最悪の結果を回避するためにはどうすれば良いか？」を考えます。たとえば、ビジネスマンの商談で言えば、「目的志向型」タイプは「どうすれば商談が成約になるか？」を考えます。そして「問題回避型のタイプは、どうすれば商談が破談にならないか？」を考えるのです。

これらのタイプ性質の違いは、当然“刺さる言葉”が違うので、反応する広告文……すなわちキャッチコピーも変わるのです。「目的志向型」が反応する「影響言語」の一例では「～ができる」「～が実現する」「～が手に入る」など。同じく「問題回避型」向けの一例では、「～を避ける」「～しなくてすむ」「～の心配がなくなる」などが挙げられます。これらを活かして、たとえば、定期歯科検診のキャンペーンを打ちたいとすると、「影響言語」を用いた広告文は下記のようなコピーは下記のように考えられます。

・「目的志向型」に適したコピー ：
　「誰もがあなたの笑顔の虜（とりこ）になる。そんな白い歯を定期検診で手に入れませんか？」
・「問題回避型」に適したコピー ：
　「成人の60％が虫歯を患っているという事実。虫歯の早期発見に定期検診をお薦めします」

前者は、「歯が白くなる」という「目的」にフォーカスしていますし、後者では「虫歯で苦しまない」ことにフォーカスしています。ちなみに、前者の広告には、「あなたの笑顔の虜」という自己満足要素「内的基準型」を意識したキーワードを盛り込んでおり、後者では「成人の60％」というデータを盛り込むことで「外的基準型」を意識しています。

このように、「影響言語」は、Webマーケティングや広告クリエイティブに活用できるナレッジが盛り沢山です。ここ処に記した以外にも、沢山のタイプや影響言語があるので、ぜひ学んでみてください。

■Web集客に影響言語を活かす3つのポイント

それでは最後に、Webマーケティングに「影響言語」を活用する3つのポイントをお伝えしましょう。

もちろん商品サービスによって、マッチしやすい「影響言語」タイプと、そうでないものがあるでしょう。たとえば「予防薬」のような商品では「病気になることを回避する」のですから「問題回避型」のコピーのほうが相性は良いですね。それをどう「目的志向型」に響かせるか……それがコピー力の見せどころです。

キャッチコピーやWebライティングは、元々の文章センスもありますが、経験によって養っていける力です。ぜひ下記の3つのポイントを意識しながら、成果に繋がるコンテンツを創り上げてください。

・Point 1.

当初のプロモーションとしては、Webサイト、特にユーザーの到達ページとなる「ランディングページ」において、あらゆるタイプのユーザーへ汎用的に訴求できるよう、意識的に影響言語をタイプ別に散りばめて、反応を見る。

・Point 2.

Web広告とLP（ランディングページ）を組み合わせる場合、それぞれのタイプ別にLPを意識的に作り分け、反応率の良いページに広告予算を寄せる。

・Point 3.

必ずしも想定したLPが流入口とは限らない。自社の強みやサービスバリエーションが伝わるコンテンツを、サイト内ブログなどで展開し、ユーザーのアクセスチャネルを広く展開する。

●参考書籍　『LABプロファイルで人を動かす』小林由香著（すばる舎刊）

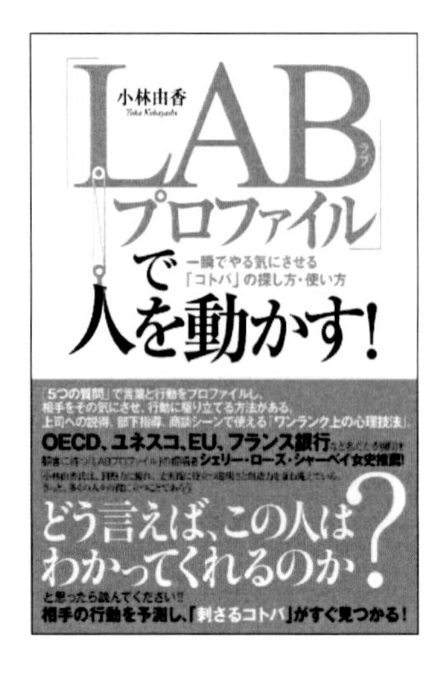

第3章　Webサイトはリリースしてからが集客のスタート

これまでに多数のクライアントからご相談を伺って、「Web集客に関して致命的な勘違いを持たれているな」……と感じること。それは「Webサイトを公開すれば自動的に問い合わせや注文がやってくるに違いない」という期待からくる混同だ。確かにそれが理想ではある。

しかし実際には、著名な企業やブランドのWebサイトではなく、零細企業の……しかも新規のWebサイトである場合、「路地裏のマンションの一室で商売をする」のと同じレベルの環境であることを忘れてはならない。

つまり、ユーザーにWebサイトの存在を認知される手段を講じなければ、Webサイトへの到達は望みが薄い、ということ。だからこそ、施策開始から結果が出るまでにスピーディーな展開が望めるSEM（サーチ・エンジン・マーケティング＝Web広告集客）や検索ランキング対策、そしてSNSなどでの拡散を狙ったバイラルマーケティング（口コミ集客）や、店舗をはじめDMや掲示物などでのタッチポイントを増やすオフラインマーケティング（実地集客）を展開していくのだ。

費用感は企業レベルや競合性を含めて、“まちまち”ではあるが、Webサイトではサーバーやドメインなどのランニングコストを含めて、集客運用コストが掛かるものだと捉えるべき。制作時にかかる初期費用ばかりに目が向きがちであるが、目標となる集客成果にまで結び付けるには、集客運用コストにどれくらい掛けていくべきか？　その予算はWebサイトプロジェクト計画当初に見据えておくべきである。

167｜運用は極力自社努力をする

●自社努力が運用成果明暗を分ける

当社で多数のWebサイトの制作プロデュースや、集客施策をお手伝いしてきた。その中で、大きな集客成果を出していただいたWebサイトと、残念ながらいま一つ芳しくなかったWebサイトと、明暗はくっきりしている。何がその明暗を分けたのか？

大きな要素に「クライアントが自社で更新努力をしたか？」が挙げられる。クライアントには常にお伝えしていることであるが、「Webは公開してゴール、ではなく、公開してからが本当のスタート」。だから、公開後は、自社でもサイト内ブログの更新や、新規情報の公開、定期的なコンテンツ差し替えなど、クライアント自社だからこそできる更新運用が必須になる。制作会社やコンサルに任せきりにせず、自社での更新運用努力を心がけよう！

168｜あなたの商品が売れない理由

●魅力的な「フロント商材」を作ることで売れやすく

あなたの商品サービスが、高額商品である場合、Webマーケティングで「いきなり買ってもらう」のは、かなりハードルが高いと言わざるを得ない。なぜならば、ユーザーはあなたやあなたの商品のことを、まだほとんど知らない状況で、「本当にオーダーないし依頼しても良いものか、判断がつかない」「本当にそれだけの価格を支払う価値があるものか、信用材料が足りない」からだ。

対面のビジネスであれば、まだ信頼関係の構築をしやすい利点はあるが、Webサイトの場合には、コンテンツのみが当初の判断材料となる。その状態から信頼を勝ち取って、最終的なコンバージョン（成約）に繋げるには、「良好な関係性」を構築するのが先決である。

よって、“まずは気軽にお試し”を実施してもらうために不可欠なのが「フロント商材」である。あなたのビジネスが物品販売なのであれば試供品や、初回限定パックなど、無料か低価格の商材を用意する。ビジネスが、士業や先生業、コンサルタントであれば、無料もしくは低価格のセミナーやお試し個別面談など……まずは商品・サービスの一端に触れてもらうことで、一歩踏み込んだ関係性の構築を進めていく。もちろん、フロント商材が、あなたの信頼を確固たるものにできるだけの品質と価値を持ち合わせている必要があるのは言うまでもない。

169｜サイト構成を検索ポータルに伝えて評価要素にする

●XMLサイトマップでクローラーに構成をアピールする

Webサイト内にユーザー……つまり人間に向けたナビゲーションの一環として「サイトマップ」を設置することは大切なユーザービリティ配慮であるが、Webサイトの検索ランキング評価を決める重要な要素である巡回ロボットプログラム「クローラー」にWebサイトのページ構成を伝えることも、大切な集客施策の一つだ。いわば“クローラビリティの向上”と言える。

クローラー向けのサイトマップは言語をXMLで記述するが、準備は至って簡単であり、求められる質問に答えるだけでXMLを自動生成してくれるジェネレーターサイトが存在するので利用すると良い。生成されたXMLファイルを、サーバー内のメインIndexを配置しているディレクトリと同階層にアップロードすれば良い。

さらに、「Google Search Console」の「クロール」より「Fetch as Google」を活用して、インデックス登録を促せば、Webサイトの評価がよりスムーズになる。

●参考　「サイトマップを作成-自動生成ツール　sitemap.xml Editor」http://www.sitemapxml.jp/

170｜ファビコンで、リピート率がアップ!?

●ブックマーク内でも存在をアピールする

ブラウザタブのサイト名の脇や、ブックマークでのサイト名表示の先頭に、小型のロゴマークが入るのをご存知の方も多いだろう。専門用語ではこれを「ファビコン」と呼ぶ。「Favorite icon（フェイバリット・アイコン）」の略称と言われている。

単なるグラフィック上の演出だけでなく、特にブックマークリストの中で、サイト名のテキスト文字だけだと埋もれてしまいがちだが、印象的なファビコンを付加することで、ブックマークリスト内での存在も際立ち、存在をアピールすることでリピート率向上に一役を買うと言われている。

リピート率向上は、コンバージョン数（CV数、成約数）向上の第一歩。"ほんのひと手間"で可能性が上がることは、少しでも採り入れていきたい。

171｜クレームは改善チャンスの宝庫

●ピンチをチャンスに変えろ！

これはWebサイトのオンラインに限らずオフラインでのビジネスでも同様であるが、「ユーザーからのクレーム」は、改善のチャンスと捉えるべきである。自分たちが気づいていない、ユーザーの立場からすれば「納得がいかない」事象があるからこそクレームとなるのだ。その自分たちが気づけていなかった「至らない点」を、わざわざユーザーがあなたに伝えてくれているのだから、これはありがたいご指摘と受け取るべきである。そのありがたいクレームには真摯に向き合い、すぐ改善の努力をすべきである。

特にSNSが盛んな昨今では、万一このクレーム対応を間違うと、"炎上"が起こり、取り返しのつかない信用問題に至り、ブランド失墜の原因となるから注意が必要だ。万一、クレームが発生したとしても、その対応でユーザーが納得、むしろ感心すらする対応が取れれば、かえって高評価に繋がる可能性もある。

もちろんクレームが発生しないに越したことはないが、クレームが発生してしまったら、どうすれば挽回できるか？　ピンチをチャンスに変えるか？　全力でリカバリーする必要がある。

172｜目を惹く数字で、興味度を刈り取る

●具体的なデータ明示で信頼を勝ち取る

Webサイトには、「ユーザーは、このサイトを見続けるか否か、3秒で判断する」という、通称“Web訪問の3秒ルール”がある旨を前章でお伝えした。

この“3秒ルール”をクリアするにあたり、大切になってくるのが「ファーストビュー」であるが、その中に記載するキャッチコピーに盛り込む要素には、いくつかコツがある。

その一つが、「具体的な数字」である。たとえば「○○○○人の人に愛用されている」だったり「たった90日で○○に成れる」「○○○人のうち、97％の人が満足と感じた」「売上平均○○％アップの成果多数」etc.　目安となる数字があることにより、ユーザーはより具体的にその効果や成果をイメージすることができ、そのイメージが脳内で「期待」へと育って、購買意欲へと向かっていくのだ。

もし、「具体的にアピールできる数字がない」という場合には、「何かアピールできる実績やデータはないか？」と掘り起こしていくことで「信頼実績を作る」努力も必要だ。

173｜顧客の「○○感」を大切にする

●「買った満足感」こそがリピートやバイラルの原動力

購買心理データ的にはユーザーのモチベーションは、商品を買った瞬間が最大で、徐々にそこから下降曲線をたどると一般的には言われている。時間が経てば、モチベーションが下がるというベクトルは仕方ないにしても、なるべくその速度や角度は緩やかにする努力は心がけたい。

たとえばステップメールでご購入を感謝する“サンクスメール”を配信することをはじめ、その後の使用感のヒアリングや、活用法やメンテナンスアイデア、応用方法など、アフターケアできる要素は沢山あるはずだ。

また、購買したユーザーが「オーナー」としての自尊心や満足度、そして同じ購買ユーザーと共感したり、繋がりを持てるようなSNSでの専用ページやメディア展開も、ユーザーの購入後モチベーションを維持するだけでなく、モチベーションを上げていける施策となるだろう。

CS、すなわち「顧客満足度」とは、言い換えれば「買った満足感」である。その満足感をアップさせる努力をすることで、ユーザーはアップセルなどのリピートや、「人にもその満足の喜びを伝えたくなる」というバイラル（口コミ）という成果に繋がるのである。

174 ｜「これを買うなら、○○も必要」を創り出す

●クロスセルにより、トータル成果を向上させる

よくWeb通販で「この商品を買った人は、こんな商品を買っています」だったり「関連商品はこちら」などの情報を見せられ「ついつい買ってしまった」という人も少なくないだろう。オフラインで言えば、ファストフードのハンバーガー店で「お飲み物やポテトもご一緒にいかがですか？」というアレも一緒だ。この“関連商品をついで買い”という状態を能動的に作り出していくことを「クロスセルマーケティング」と呼ぶ。

クロスセルは商品の購入を決定した顧客に対し、関連商品を薦めていくのが基本。一般的に、購入直後が一番心理的にもユーザーは高揚状態

にあり、「購入というメンタルブロックが解除されている状態」とも言えるので、比較的「追加購入」を行うことに抵抗が減少している状態にある。そして、メインの商品よりも安い商品が売れやすいとも言われている。

関連商品については、直感に頼るのではなく、数値データから商品の併買傾向を探ったり、商品推奨を行って効果のある顧客を選抜したりといった分析する「マーケットバスケット分析」や「アソシエーション分析」がある。また、関連商品の表示をシステムにより、自動的に行っているEC（ショッピング）サイトも多い。

あくまでも「ついでに売りつける」ではなく、ユーザーの視点で「これも一緒に買えば役に立つ」「ユーザーの手間が省ける」「ユーザーが欲しいであろう情報」という“ユーザー視点”が大切なことは言うまでもない。

175｜ユーザーの多くがチェックする○○ページとは!?

●FAQにより、顧客の疑問を早期解決する

「FAQ（Frequently Asked Questions）」……日本語訳すると「よくある質問」、別名「Q＆A」ともよく書かれるが、これはWebサイト内で重要な役割を担っている。多くのWebサイトでアクセス解析を行うと、閲覧ページの上位に、このFAQが存在することが少なくない。「よくある質問」というくらいだから、多くのユーザーが疑問をもつ共通項なのである。

ユーザーには、疑問に思いつつも、「問い合わせるのは面倒」「下手に問い合わせをすることで、売りつけられたらどうしよう」「しつこく営業連絡が来るのではないか!?」「ちょっと気恥ずかしい」というような、さまざまなメンタルブロックがある。よって「FAQ」があることは、ユーザーにとっては問合せの手間が省けて、質問せずとも疑問が解消できる

“嬉しい助け舟”でもあるのだ。疑問が解消することで、コンバージョン（購入や申し込み）への抵抗が減り、むしろ期待へと変わって購買意欲へと繋がりやすくなる。

また、SEO的にも「FAQ」の効果は高い。質問＆回答の形式でテキストを掲載することが多いので、コンテンツのテキスト量が増えるからだ。「FAQ」ページが、ユーザー検索のランディング（流入）ページとなっていることも少なくない。「FAQ」はユーザー視点的にもSEO観点的にも、確実に設けるべきコンテンツページなのである。

176 | FAQにより、オペレーションの手間を省く

●重複問い合わせを回避することで時間的コストの削減となる

「FAQ」は、ユーザー視点的にもSEO観点的にも有効なコンテンツページであることをお伝えした。この「FAQ」は、Webサイト側、つまり企業側にとっても重要な役割を果たす。「同じ問い合わせが頻繁に到着して、時間と手間を取られる」という、「人的、時間的コストのロス」を減少させることができるのだ。

もちろん、問合せへの対応コミュニケーションの中からコンバージョンへ繋がりやすくできる要素もあるので、一概に否定はできないが、それでもやはり、「同じ質問がやたら到着して、電話応対やメール返信に手間を取られる」というのはロスと判断すべきだろう。

「FAQ」に、「よくあるご質問」を、「回答付き」で掲載することで、いわば、その手間を取られていたことを“自動解消”してくれることになる。ユーザーが問い合わせる手間も減少し、御社のオペレーションも部分自動化できて、しかもSEO対策の資産になる。まさに一石三鳥と言える。

177 | 上位表示は、信用力

●広告よりも自然検索上位の方が権威性がある

昨今ではWeb広告には「広告マーク」がつくものが増え、「広告によるWebサイト」か「自然検索表示によるWebサイト」かは、区別がつきやすくなった。コンテンツ連動型広告で、業者や有料サービスを探しているわけではないのに、広告が表示されるのを疎むユーザーも少なくないが、「何かの購入ないし資料請求で、適切なサイトを探している」というユーザーには、検索連動型広告（＝リスティング広告、PPC広告）は、決して「招かれざる広告」とは限らない。むしろ、集客予算が採れるのであれば、自社のターゲットとなるユーザーにリーチするべく広告出稿していくべきだろう。

しかし、「広告である」ということを認知しているユーザーにとって、「お金を払えば表示できる広告サイト」と、「自然検索で上位にある、検索ポータルに評価されたWebサイト」では、どちらをより信頼するだろうか？　特にリテラシーが高いユーザーは後者を選ぶケースが多いだろう。それなりの実績と有益コンテンツがあるからこそ上位表示されているのだろう、と期待するからだ。

だから、広告を掲載するだけでなく、どのキーワードを選べば、Webサイトを上位表示して、かつ集客できるビジネス性を盛り込むことができるか？　そのフィールドとポジションを選ぶ必要がある。

178｜「SEO」を駆使して権威性を感じさせる

●自然検索1位は「権威性のあるWebサイト」である証

本書をお読み頂いている読者の皆様は、「SEO」という単語くらいは聞いたことがある人が多いだろう。正式名称は「Search Engine Optimization」（サーチ・エンジン・オプティマイゼーション）の略称で、翻訳すると「検索エンジン最適化」である。読んで字のごとく、ユーザーが検索エンジンでキーワード検索を行った際に、自社のWebサイトが表示されるように“最適な対策”を行っていくのが「SEO対策」だ。

検索エンジンはインデックス（登録）されているWebページを、ユーザーが入力した検索キーワードに呼応して表示する。検索結果の順位である検索ランキングは、各検索エンジンが独自に定めるアルゴリズム（ルールや法則）に則って決定している。この表示ランキングが上位にあるほうがユーザーの目につきやすく、Webサイトへの訪問者も増えるため、多くのWebサイトが競って上位表示を目指すのだ。

昨今のWeb広告は「広告マーク」によって広告であることが分かりやすくなったので、検索結果で表示されているWebサイトが広告によるものか、自然検索結果であるかは、区別しつつ閲覧することが少なくない。よって、お金を払えば表示できる広告経由のWebサイトよりも、自然検索結果で上位にあるWebサイトの方が“信用に足る”という評価を下すケースも少なくないようである。

つまり、自然検索1位サイトは、「権威性のあるWebサイト」ということなのである。

179｜検索エンジンに推奨されるSEO対策とは!?

●サイトが本来あるべき姿を目指す“ホワイトハットSEO”

近年、Googleが検索対策ルールである“アルゴリズム”を諸々変動させている影響で、サイトを管理運用するWebマスターサイドも、ずいぶん意識やスタンダードを改める必要が出てきた。いわば、Googleは「過度の作為的なSEO対策は排除する」という強固な姿勢を持ち、その意向に逆らった施策運用を行うと、検索ランキングが上がるどころか、順位が下がったり、最悪の場合、ペナルティとしてインデックス削除という形で、ユーザーが検索しても全く表示されない事態にまで陥ることがあるので注意が必要だ。

そんな時代にあって、Googleからも推奨されているのが、通称“ホワイトハットSEO”と呼ばれる手法で、ウェブマスター向けガイドラインに違反しない方法で検索エンジン上位表示を狙うSEO対策のことである。“ホワイトハットSEO”では、Webサイトの内容が何よりも重視される。海外のSEO界では“Content is King.”「コンテンツ（内容）が王様」という格言があるほどである。すなわち、ユーザーに役立つ情報をコンテンツとして提供するサイト作りが、何よりも大切ということだ。

180｜ホワイトハットSEO対策を成功させる5つのポイント

●ホワイトハットSEO対策のセオリーを覚える

現在、検索ランキング動向のカギを握るGoogleが、企業として下記のようなことを掲げている。「Googleの使命は、Google独自の検索エンジンにより、世界中の情報を体系化し、アクセス可能で有益なものにすることです」と。

先にも述べたが、「ユーザーに価値ある情報、すなわちコンテンツを、ユーザーにはもちろん、検索ランキングを決定するクローラー（巡回ロボット）にも分かりやすく明示する」のが、“ホワイトハットSEO”の命題となる。つまり、人間の見た目に分かりやすいようにテキストでのコンテンツ掲載と、クローラーが判別しやすいようにサイト構造、すなわちディレクトリ構成とタグ構造を必須要素を盛り込みつつ、スマートにまとめるのがポイントとなる。

この“ホワイトハットSEO”で押さえておくべき5つのポイントを簡単に記すと、下記になる。

1. サイト全体がユーザーにとって価値ある情報提供を目的としている
2. 検索キーワードに対応するサイトページを作る
3. ページ毎のコンテンツ内容をGoogleにわかりやすく伝える

4．ページに良質なリンクを厳選して集めることでサイト価値を高める
5．更新頻度の高いコンテンツ運用と滞在性をキープする

これら5つのポイントを、順にお伝えしていこう。

181｜ホワイトハットSEOの秘訣 その1

●ユーザーにとって価値ある情報提供を目的とする

あなたのWebサイトにユーザーが来訪するのは、ユーザーがあなたのビジネスのためにやってくるのではない。あくまでもユーザーは、自分が欲する商品や情報収集のためにアクセスしてくるのだ。

Googleが一連のアルゴリズム改変を行っているのは、作為的で過度なSEO対策によって押しあげようとしているサイトを上位表示すべきでないという意向の現れである。「ユーザーが求めている、価値ある情報」を検索結果として提供することを目指し、そのユーザーが求めている「価値あるコンテンツ」を表示する、という本質を理想として掲げているのだ。

検索ランキングを決定づける絶対者である、Googleがそういう意向なのであるから、あなたのWebサイトを上位表示したければ、その意向に従わざるを得ない。まずはWebサイトそのものを、「ユーザーにとって価値ある情報提供を目的とする」ということを念頭に置き、「ユーザーが何を求めているか？」「ユーザーの要望に対して、自社はどんな強みを持っているのか？」「ユーザーにどんな付加価値を提供できるのか？」……すなわちユーザーのベネフィットを見据えてサイトを設計していくことが必要なのである。

182｜ホワイトハットSEOの秘訣 その2

●検索キーワードに呼応するサイトページを作る

これはSEOのみならずWeb広告にも言えることであるが、ユーザーが検索したキーワードと、その検索結果リンクから到達するページ（ランディングページ）のコンテンツ整合性は非常に大切である。

特にリスティング広告では、クリックされたこと自体に課金コストが発生しているので、ユーザーが「求めていた情報と、到達した結果が違う」という理由で離脱してしまうのは由々しき資金ロスだ。SEO対策においても、ページ毎にキーワードテーマを存在させるべきで、対策のターゲットページは、「どんなユーザーに、どんなキーワードで検索した結果、到達するページであるべきなのか？」を明確に定義づけておく必要がある。

その結果、はじめて、クローラー（検索ランキングを決定する巡回ロボット）が「このページは、〇〇というキーワードに対してテーマ性を持った、良質なコンテンツを提供している」と認識して、「上位表示」という評価を与えるのだ。コンテンツは、写真画像や動画だけでなく、テキストタグで書くことが重要。写真画像にもaltタグで、キーワードを意識しつつ自然な記述をするという施策も忘れてはならない。

183｜ホワイトハットSEOの秘訣 その3

●コンテンツ内容をGoogleにわかりやすく伝える

コンテンツは、人間の見た目に読みやすいだけでなく、Googleにも分かりやすく伝えることが必要だ。つまりクローラー（検索ランキングを決定する巡回ロボット）に、「このページがキーワードテーマを何と掲げて、誰のために、どんな目的で記述されたのか!?」ということを、タグで伝えるのだ。

そのために、まず重要となるのが、ページ毎の<title>と<description>タグだ。この2つを外して、SEO対策を語ることはできない。<title>は、タイトルという読み通り、「そのページが何たるか？」というテーマの概要を示す要素だ。理想は30〜32文字、多くても35文字以内がセオリーと言われている。<description>は“ディスクリプション”すなわち、ページの詳細要約のことである。コンテンツそのものの全体概要を自然な文章で記述する。115〜125文字が理想で、多くても150文字以内がセオリーだ。“自然な文章記述”というところがポイントで、キーワードで埋め尽くすような真似をしては絶対にいけない。<title>にはキーワードを1回、<description>には2回含んで記述すると効果的という説もある。いろいろ試してみるのがベストである。

またサイト全体がどのようなページ構成になっているかを示すサイトマップをXMLで記述し、クローラーに申請しておくことも大切だ。XMLは、自動生成できるジェネレーターも数多く公開されている。ぜひ検索して試してみて欲しい。

184｜ホワイトハットSEOの秘訣 その4

●良質なリンクを厳選して集め、サイト価値を高める

「とにかくリンクの数があればSEOで検索上位表示が可能」という対策が通用したのは、“今は昔”の話。現行のアルゴリズムには、その対策は通用しないどころか、むしろ悪評価さえ受けるので注意が必要だ。

では、“ホワイトハットSEO”に「外部リンクは必要ないのか？」と言えば、そんなことはない。「数多くの、質問わずの外部リンク」ではなく、「良質なリンクにて厳選して、適量数の外部リンク」であることが大切だ。質の良い外部リンクとは、4つに大別するとこんな感じだ。

1. サイト自体の被リンクの質が高いサイトからのリンク
2. 権威のあるオーソリティサイト（検索ポータルなど）からのリンク
3. 関連性があるサイト（ページ）からのリンク

4．サイト内の、ナビゲーションやコンテンツ部分から張られたリンク

リンク数については、一概に○○個が理想というような明示は困難であるが、まずはWebサイトの内部対策（コンテンツ記述やタグ構成）をしっかり行ったうえで、様子を見ながら徐々に、そして時期を調整しつつリンク付加を行っていくことが大切だ。

185｜ホワイトハットSEOの秘訣 その5

●更新頻度の高いコンテンツ運用と滞在性をキープする

“ホワイトハットSEO”を成功させるうえで、欠かせない要因が「更新頻度」と、「ユーザーの滞在性」という要素だ。現行のGoogleアルゴリズムでは、「ユーザーに質の高い情報をコンテンツとして提供する」ことを主眼にしているため、当然ながら「常に鮮度の高いコンテンツをユーザーに提供しているか？」という観点も重視される。

ユーザーの立場で考えてみても、「いつ発信されたのか分からない情報」であったり、「ニュースやお知らせというコーナーがあるにもかかわらず、更新されているのは1年前」というのでは「本当にこのサイトは、今でも運営されているのかな？」という疑念を抱かれるリスクがあるし「盛業ではないのだろうな……」と期待を持たれない事態となりかねない。常に最新の情報をコンテンツとして発信していくことが、対人間としても、対巡回ロボットとしても、とるべき施策なのである。

また、「ユーザーの滞在性」も、重視される要素と言われている。たとえば、アクセス数そのものや、直帰率、滞在時間など……。それらの指標が芳しくない、ということは、人気の低いサイトであったり、コンテンツの質が低かったり、ユーザービリティが低い、という兆候にあるからこそ現れる結果なのだ。よって、「ユーザーの滞在性が低いサイト」というのは、「ユーザーに表示する価値のないサイト」として、評価も下が

る傾向にある。

これは、このように書き表せば「ごく当たり前のこと」として理解を得られるのではないだろうか？　“5つの秘訣”として“ホワイトハットSEO”を成功させるコツをお伝えしてきたが、その根底にあるものは「ユーザーを想って、当たり前のことを当たり前としてWebサイトを構築し、運用する」ということにあるのだ。

186｜“ブラックハットSEO”とは？

●悪意のある検索対策やビジネスは行うべきでない

前回までは「現行の検索ポータル・ルールにも通用する、行うべきSEO対策」という主旨で“ホワイトハットSEO”をお伝えしてきたが、その真逆にあるのが“ブラックハットSEO”だ。これは、とるべきでないSEO対策なのだが、読者の皆様が知らずの内に採り入れてしまったり、一部の悪徳業者の営業トークに乗っかってしまわないように、概要だけでもお伝えしておきたい。

ブラックハットSEOの典型的な手法としては、ユーザーに気づかれないよう、Webページ内にキーワードを大量にタグとして仕込んでおいたり、ユーザーがアクセスしてきた際のWebページと、クローラーが巡回評価したページとは異なる表示させるような仕組みになっていたり、要は「人とロボットを騙し打ちにするWebサイト施策」なのである。

多くは、クローラーによって悪質判定され、何らかのペナルティを課されることが多いが、中には判定をかいくぐって上位表示に成功してしまう事例もある。そのような、“当たれば八卦”的なトライで、大量にブラックハットSEOによるスパムサイトを量産して、短期的な収益に繋げるビジネスも世の中には存在しているが、ぜひ読者の皆様におかれては、そういった悪意のあるWebサイトを利用しないこと、そしてそういう悪意のあるWebサイトを手掛けるようなビジネスに手を染めないことを推奨したい。

187｜自己防衛のブラックハットSEO知識 その1

●人目を欺く“隠しテキスト”

現行の検索ポータルがユーザーの検索行動の結果として表示ランキングを決めるアルゴリズム（ルール）においては、“ブラックハットSEO”は、大変リスクのある手法である旨はお伝えした。危険なのは、それを知らずに採り入れてしまうことや、悪意のあるSEO業者の営業に乗っかって、悪意のないまま“禁じ手”を使わされてしまうことだ。

ここからは代表的な“ブラックハット”SEOの手口をお伝えしておく。ただしこれはあくまでも「誤って使わないため」の“自己防衛知識”であることは、念を押しておきたい。

まれにクライアントからも「こうしたら検索対策になるのでは⁉」と無邪気に相談があるほど安易に思いつき、かつペナルティ評価になりやすい“ブラック代表格”が「隠しテキスト」である。これは、人の目には見え辛くしておいて、かつ検索クローラーにはテキストが存在することを表示して、コンテンツとしての評価を得ようとする対策。たとえば、背景と文字色を一緒にして目立たなくする、メイン表示領域の遥か外に文字を配置するなど……。これらの手法は、検索ポータルのガイドラインにも“禁止事項”として明記されている手法だ。

偽装目的で隠しテキストを使っているサイトであると、検索ポータルから判断されると、検索エンジンからの評価が著しく低下し、最悪の場合、検索インデックスから削除されて、全く表示されなくなる可能性すらある。テキストを見せたければ、きちんと訴求力のある形で、堂々と見せる設計が必要だ。

188｜自己防衛のブラックハットSEO知識 その2

●コンテンツ自動生成を利用しない

“ブラックハットSEO”をいまだに駆使して商売を続けるSEO業者がよく使う手段の一つに「コンテンツの自動生成」が挙げられる。

「コンテンツSEO」や「コンテンツマーケティング」という単語も流行したので、「コンテンツが低価格で、しかも自動的に生成できる」というと、一見魅力的に映るかもしれない。しかし、低コストで迅速かつ大量に作ることを目的にした“ワードサラダ”などの自動文章生成システムで作れたテキストは、意味のある日本語文章として成り立っておらず、とても「コンテンツ」と呼べる質には仕上がっていない。

したがって、「質が高いコンテンツが評価される」というアルゴリズムにある現代型のSEOルールにおいては、評価されないどころか、ペナルティを食らう可能性すらある。なぜかと言えば、これらの自動生成システムは、他のWebサイト等から無断複製したテキストをつぎはぎして生成することも少なくないからだ。

Googleでは、Web管理者向けのページで下記のように示している。「無断複製されたページやオリジナルのコンテンツがほとんどなくユーザーにとって価値のないページを表示することでランキングを上げようとするドメインに対して、処置を取ります」。……そして、その代表例として「自動生成されたコンテンツ」が明記されている。“ご法度”が示されているのに、わざわざその手法を採るほど愚かなことはない。

189｜自己防衛のブラックハットSEO知識 その3

●キーワードを過度に詰め込まない

タグの細かい話になってしまうが、`<title>`、`<keyword>`、`<description>`、`<alt>`など、キーワードが関連するタグに対して、過密にキーワードを記述することは、「キーワード・スタッフィング」と呼ばれる手法でスパム判定されるリスクがある。また“隠しテキスト”と併用して、キーワードを過度に重複して記述するような手法もこの一つに含まれる。

Googleではガイドラインに下記のように明示している。「“キーワードの乱用”とは、Googleの検索結果におけるサイトのランキングを操作する目的で、ウェブページにキーワードを詰め込むことです。ページにキーワードを詰め込むと、ユーザーの利便性が低下し、サイトのランキングに悪影響が及ぶ可能性があります」……と。

いくらそのキーワードで上位化したいからといって、闇雲にそのキーワードをサイトに詰め込めば評価が上がるわけではないのだ。

190｜自己防衛のブラックハットSEO知識 その4

●ロボットへの騙し討ちは通用しない

“ブラックハットSEO”の代表的な手口として「クローキング」と呼ばれる手法がある。これは、人間が検索結果として閲覧するWebサイトと、Webサイトを評価して検索ランキングを決定するクローラー（巡回ロボット）が訪問した際に見せるWebサイトを自動分岐するというもの。ユーザーによって最適化したコンテンツで訴求するWebサイトではなく、とにかく作為的に上位表示だけを狙ったWebサイトを見せることで、評価を高めようという手口だ。

万が一、この「クローキング」を実施していることが判明した場合、順位が著しく低下する可能性があることはもちろん、検索インデックスから削除されて、表示すらされないリスクがあることを覚えておく必要がある。業者の「サイトを作り分けてロボットには専用ページを見せて対策します」という口車に乗ってはならない。

191｜自己防衛のブラックハットSEO知識 その5

●悪意のある相互リンクやリンクファームを利用しない

一口に「相互リンク」というと、SEO対策上も良さそうに聞こえるが、この「相互リンク」も過度に行うと“ブラックハットSEO”と判定されることがあるので注意が必要だ。中には、自社だけはリンク効果を得て、相手にはリンク効果を渡さない“nofollow”設定を行う悪質な相互リンクや、大量の相互リンクを発生させる“リンクファーム”と呼ばれるリンクプログラムもあり、これらを利用しない&利用されないようにしたい。

やはりGoogleでは、下記のように明示している。「相互リンクに参加している一部のウェブマスターは、リンクの品質、ソース、自分のサイトに与える長期的な影響を無視して、相互リンクだけを目的としたパートナーページを作成しています。これはGoogleのウェブマスター向けガイドラインに対する違反となり、検索結果におけるサイトのランキングに悪影響を与える可能性があります」と。

GoogleがWebマスター（管理者）向けに情報発信を行うサイト「Search Console」（https://www.google.com/webmasters/tools/）では「品質に関するガイドライン」というタイトルで、違反事項を明記している。自社でSEOを行う、もしくは外部に委託する場合のために、一度目を通しておくことを推奨する。

192｜もしペナルティを食らってしまったら？

●悔い改めるが如く、過度なSEO対策を排除すべし

万一、大幅な検索順位ダウンとなった場合、そのダウン度合いや競合の動向にもよるが、悪意がある・ないにかかわらず、SEO対策を行っている場合には、ペナルティ判定された可能性がある。その場合には、タグをはじめとする内部対策に問題がないかをチェックしつつ、外部対策

で自社やアウトソーシングによりバックリンク（被リンク）を付加している場合には、外してみることだ。

Googleの「Search Console」にWebサイトを登録しておけば、何かアルゴリズム（SEOルール）上、芳しくない設定があれば、アドバイスをしてくれる。もしそれが警告レベルの主旨であれば、即刻その要素は排除すべきである。ペナルティを科されても、該当する要素は排除して、「Search Console」にWebサイトの再クロール（巡回）を申請すれば、再度インデックスされるはずだ。

ただし、その際にはアルゴリズムを遵守した質の高いサイトである前提であり、インデックス削除など、重大なペナルティを課されたWebサイトが、元の順位帯まで戻れる確証はないので、SEO対策には慎重になるべきだ。

193 | Webサイトにアドバイスも警告もくれる救世主

●「Search Console」登録のススメ

SEO関連で再三にわたりお伝えしたGoogle「Search Console」については、ぜひWebサイトの登録をお薦めしたい。タグの最適化についてアドバイスを伝えてくれたり、モバイル対策としてユーザビリティの芳しくないセクションへのピンポイントな指摘、そして何か採り入れているSEO外部対策で、排除すべき要素があれば警告として伝えてくれたり、良きアドバイザーとなる。

また、自分では外すことができない、外部からのリンクを外したい場合には、無効化申請をすることもできる。インデックス（検索への表示）を促すためにクロール申請を行ったり、検索流入のキーワードもより詳細に調べることができたり……従来は「Webマスターツール」という名称がついていたほど、Web管理者にとっては便利なツールだ。しかもそれが無償で提供されているのだから、使わない手はない。

194｜話題の「コンテンツマーケティング」とは？

●テキストコンテンツを「資産」として捉える

「コンテンツマーケティング」という言葉を聞いたことがある方は少なくないだろう。一言に「コンテンツマーケティング」と言っても、映像や画像で仕掛けるもの、バズ（口コミと同義）を狙う性格のもの、そしてテキスト記事までさまざまある。

ここで“ホワイトハットSEO”に関連付けて考えるのであれば、「テキストコンテンツ」を積極的にWebサイトへ記載する手法での「コンテンツマーケティング」は、長期的にアクセス誘導の糧になる。しかも検索クローラーにも「質の高いWebサイト」と評価されるための、大切な「資産」になりえると言える。画像には「alt」タグによって解説テキストは入れられるが、テキストタグに比べればSEO的な評価は低いと言わざるをえない。

各ページには、個別のタイトル（「title」タグ）があり、ページ概要の解説（「description」タグ）があり、本文コンテンツとして見出しタグ（「h」タグ）とテキスト（「p」タグ）があって、それらが総合的に評価される。

この構成セットを1ページとして、その1ページ内でのボリュームやコンテンツの質、そしてWebサイト内でのテキストコンテンツ量が、総合的に評価されるのだ。テキストコンテンツは、人間にとっても検索ロボットにとっても、そのWebサイトの質を判断する大切な「資産」なのである。

195｜集客に効くコンテンツの作り方

●“ロングテール・キーワード”で末永い検索ヒットを資産化する

少量の成果ながらも、絶えることなく末永く実績があがる商品やビジネスの事を“ロングテール”と呼ぶようになって久しい。

「コンテンツマーケティング」において「コンテンツを資産化する」という考え方に則っていくと、“ロングテール・キーワード”という考え方も非常に有効である。すなわち、主軸となるメジャーなキーワードだけでなく、小ボリュームでも固定のファン層や熱烈なウォンツを持たれるようなニッチなキーワードでコンテンツを作り込んでいくことで、長期にわたり絶えることなくアクセスの流入源となるような、“コンテンツ資産”を持つことができる。

毎月、主軸のキーワードには絶対値としてのアクセス数には適わないものの、一定数はランディングページとして機能しているページ……その1ページ自体の力は弱くとも、“ロングテール・キーワード”でのアクセスが積み上がることで、全体アクセスのボトムアップになりえる大きな力となるのだ。

196｜ロングテール・コンテンツを生み出す設計とは？

●ユーザーの検索行動を先回りする

コンテンツマーケティングがWeb集客に有効な施策である何よりのメリットは、ユーザーの検索ヒットによって、Webサイトにユーザーがたどり着きやすくなる“インバウンド”の仕組みができあがることにある。そして、たとえPV（ページビュー）の数が多くないとしても、一定数の閲覧が長期間にわたり継続すれば、“ロングテール・コンテンツ”として、アクセス資産になる。

では、どのようにコンテンツを設計すれば、ロングテール化できるのか？　そのためには、「ユーザーの検索行動を先回りする」という考え方が必要だ。ユーザーが知りたい関心事や、解決したい自分事など「ユーザーがなぜWebサイトを検索し閲覧するのか」という“本質”を見極め、ユーザーの問いに対する「解（アンサー）」をコンテンツとして提供する。シンプルに言えば、ユーザーが検索する理由と、それに対してWeb

サイトが答えと提案を見せに迎えるという構図になる。

まずはペルソナ像がしっかり見えていることが大前提で、「ペルソナがどんなウォンツを抱えているか？」「ウォンツを満たすためには、どんな検索をするか？」「どんな関連インサイト（関心事）を持っているか？」、あくまでも仮説とはなるが、しっかり策定してコンテンツ設計を行うことが、成果に結び付くロングテール・コンテンツを生み出すコツである。

197｜“Content is King”時代のWebマーケティング その1

●インバウンド＆アウトバウンドマーケティングの違い

従来型のマーケティング手法とも言える「アウトバウンドマーケティング」と、現代型の「インバウンドマーケティング」はどう違うのか？おさらいを兼ねて確認しておこう。

前者は、テレマーケティングや広告出稿などを、売り手サイドから発信して見込み顧客となりえるユーザーを開拓していくマーケティング手法だ。広告出稿の範囲や規模にもよるが、テレビ・新聞・雑誌なども含めた出稿だとすれば、相応の媒体費コストがかかることになる。その分、施策から結果までの効果や検証が短期で行えるメリットもある。

後者は、自社サイトやLP、SNS、オウンドメディアによって、コンテンツを発信することで、ユーザー側から“見つけてもらうというという角度を主軸にしている。「売り込んでいる」という性格が強いアウトバウンドマーケティングに対して、「ユーザーが自主的に選んでいる」という状況とも言えるのがインバウンドマーケティングだ。コストは、後者のほうが小予算で施策できるケースが多いのが特徴とも言えるが、成果の予測が立ちづらいのと、時間が掛かるというデメリットは存在する。

事業規模にもよるが、あなたの会社がスモールビジネスを手掛けているならば、小予算で手掛けられる範囲のSEMで、露出と認知で初動の体制を構築し、インバウンドマーケティングで、後々までローコストの運用で、ユーザーから見つけられるコンテンツ資産を築いていくことをお薦めしたい。

●参考　「アウトバウンドマーケティングとインバウンドマーケティングの違い」 http://www.hivelocity.co.jp/blog/15915
「【図解】インバウンドマーケティングとアウトバウンドマーケティングの違い」https://promonista.com/inbound-outboundmarketing/

198｜“Content is King”時代のWebマーケティング その2

●インバウンド＆コンテンツマーケティングの違い

「インバウンドマーケティング」と、「コンテンツマーケティング」の違いについて言及すると、誤解を恐れず言えば「大きな括りでは同義である」と捉えている。言うなれば、「インバウンドマーケティングは、コンテンツマーケティングの手法の一つ」ということができるだろう。

ではその手法の何が違うのか？ 「コンテンツマーケティング」は、文字通り、コンテンツを発信することによって集客を目的としたサイト展開を表している。“Content is King”の主旨に則り、価値ある情報コンテンツをWebサイトから発信していく展開だ。

対して、「インバウンドマーケティング」では、コンテンツを軸にして集客するだけにとどまらず、ステップメールマーケティングや、O2O（オンライン・トゥ・オフライン＝店舗などリアル行動への誘導）まで含めて、「見込み顧客」である訪問ユーザーを“より興味を持ってもらい育てていく”という能動的な工程を介しているのが特徴だ。

Webマーケティングには、このように類似の概念や名称、そして手法があるが、とらわれ過ぎる必要はない。最も大切なのは自社の顧客となりえるユーザーに有意義な価値と恩恵を提供することである。まずは、ユーザーがその最適なゴールに向かえるように、その入り口を“見つけられる”ように導いていきたい。

●参考「インバウンドマーケティングとコンテンツマーケティングの違いとは？」 https://innova-jp.com/inbound-marketing-and-content-marketing/

199｜“Content is King”時代のWebマーケティング その3

●まずはユーザー像をつかみ、「検索意図」を先回りする

ユーザーに価値ある情報、役立つ情報コンテンツを提供するということは、まずユーザーの本質を知ることである。コアユーザーが誰なのか、ペルソナ設定を行い、ペルソナが何を求めているのか？　ペルソナのウォンツをつかむ。ウォンツとは、漠然としたニーズではなく、より詳細に、針の穴ほど細かく掘り下げた要望のことだ。

インバウンドマーケティングを仕掛ける場合には、そこからさらに「検索意図」を模索する。つまり、ユーザーが何のために、どんな情報を求めているか？　その情報をユーザーがサイト内で探るには、どんな検索を行うか？　一連の想定を先回りして設計に起こすのである。より細かく、より多岐にわたって設計することで、ユーザーのあらゆる検索意図が浮き彫りになり、コンテンツの死角を埋めると共に、思わぬ商機が見つかるものだ。

●参考「コンテンツ設計におけるサーチインテント（検索意図）と本質的な希望の違い」 http://j-sem.net/search-intent/

200｜“Content is King”時代のWebマーケティング その4

●「見つけてもらう」潜在顧客を惹きつけサイト訪問ユーザーへ

ペルソナとその検索意図、すなわち“ウォンツ”という絞り込みが策定できたら、いよいよ「見つけてもらう」を実践するべく、コンテンツを用意する。そしてコンテンツは、Webサイト単体ではなく、ブログなどのオウンドメディアやSNSと連携させるのがポイントだ。

Webサイトが、ペルソナの検索意図に関わる主要キーワードで上位表示できていれば申し分ないが、よほどのスモールキーワードであるか、条件が揃わない限り、サイトリリースから間を置かずに検索ランキングの上位を獲りに行くのは至難だ。

その場合、見込み顧客を開拓するためにまず「見つけてもらう」ためには、潜在顧客が多数存在する可能性がある、ブログやSNSなどのポータルを併用するのが望ましい。「興味を惹ける」……つまり「見つけてもらえる」コンテンツを発信することが重要であることは言うまでもない。そして、ブログやSNSは、どのコミュニティが良いか？　もちろん流行は移り変わりもあるので、潮流はしっかりつかんでおきたい。

相性の問題はあるが、アクティブユーザーが多数存在する媒体ブランドが有利であることは間違いない。人が集まるところに商機は生まれるものである。

201 ｜“Content is King”時代のWebマーケティング その5

●「リード転換＆育成」という考え方

インバウンドマーケティングにおける重要なステップに、「リード転換＆育成」という考え方がある。「リード」とは、あなたの企業や商品サービスに興味を持つ「見込み顧客」を表している。つまり、サイトに流入したユーザーを、「いかに将来的なCV（コンバージョン）顧客に育てていくか？」というプロセスが「リード転換＆育成」である。潜在顧客→顕在顧客への昇華とも言える。

流入ユーザーをリード化していくためには、そのユーザーのメールアドレスを取得することが不可欠だ。ただしメールアドレスは個人情報であるため、ユーザーもメリットがなければ大切な個人情報を提供することはないだろう。ユーザーにとって有益となる情報やクーポンなどの“特典”を“CTA”(Call-to-Action)経由で提供することで、ユーザー・メリットと引き換えに得られるものである。その際には段階的にメールマガジンを送ることで、徐々に商品サービスへの求心力を高める「ステップメール・マーケティング」も有効な手段だ。

また見込み顧客を獲得していく施策のことを、「リードジェネレーション」とも呼んでいる。

202|“Content is King”時代のWebマーケティング その6

●クロージングして顧客化する

見込み顧客ユーザーの購買意欲を高めつつ、具体的にCV(コンバージョン)への行動を促していく。これを「クロージング」と呼ぶ。このステップでは、ペルソナのウォンツを満たすようなコンテンツを提供しながら、ユーザーが「CVしない疑念や理由」を取り除いていくことが重要だ。

Webサイトのみで完結しない、オフラインとも連動するビジネスであれば、営業チームとの連携も重要で、接客レベルもCVへの欠かせない判断要素なので、オンオフ合わせた精度の向上が必要である。

Webサイトでは、何よりも「競合他社ではなく自社の商品サービス」を選んでもらう最大の努力をすること。そのためには、具体的な利用イメージを持ってもらえるコンテンツが必要だ。いわば“オンライン疑似体験”である。たとえば、デモやサンプルを用意する。ユーザーレビュー、つまり「お客様の声」を用意する。共通の疑念・疑問を解消するようなFAQ

（Q&A）も有効だ。CV以後、ユーザーに商品が届く、もしくはサービス提供開始になるまでに、どのようなプロセスがあるかを明示する……など、スケジュール感まで含めた具体イメージを伝えたい。

クロージング段階では、迷っているユーザーを後押しするような、行動を促すメッセージを添えることも必須である。

203｜“Content is King”時代のWebマーケティング その7

●CSを高めてリピートや拡散を生み出す

CV（コンバージョン）した後のCS（カスタマー・サティスファクション＝顧客満足度）が高まると、ユーザーはインフルエンサー（拡散者）やプロモーター（推薦者）になってくれる可能性が高まる。

口コミや紹介で新規見込み顧客が囲い込めるのは、CPA（コスト・パー・アクイジション＝顧客獲得単価）をセーブしつつCVを増やせる何よりの施策であるため、その源泉となる既存CVユーザーのCSが高まるように、工夫をしていきたい。たとえば、商品発送後のステップメールで到着確認や使用感を伺うのも良いフォローだ。商材によっては、クロスセルやアップセルなど、リピートを望めるケースだって少なくない。紹介やSNSでの拡散に何か特典をつけるのも、行動を促す一手だ。

しかし、そういった特典や“お願い”をしなくても、自ら進んで紹介や拡散を行ってくれるのが、あなたの商品サービスの熱烈な“ファン”だ。そういう良好な関係性を構築して行きたい。

204｜“Content is King”時代のWebマーケティング その8

●インバウンドマーケティングと言う考え方

バックリンク対策など、外部施策中心の作為的なSEO対策がGoogleによって排除の方針が取られるようになって久しいが、現行では“Content is King”（コンテンツが王様）と言われるように、「いかにユーザーに価値ある情報を提供しているか？」が、検索ランキング評価の重要要素になっている。

この“Content is King”時代のWebマーケティングでは、見込みユーザーが検索流入しやすいようにコンテンツを設計し、そのユーザーが求めている情報や役立つ情報を提供することでCV（コンバージョン）、リピート訪問、バイラルマーケティング（口コミ）やSNSでのシェアを目指す「インバウンドマーケティング」が注目されてきた。外部対策SEOや広告出稿に頼るのではなく、検索結果およびソーシャルメディアにて「サイトやコンテンツを見つけられる」ことを目指して能動的にアクセスの入り口、すなわち“集客口”を創っていくのが「インバウンドマーケティング」だ。

また、「インバウンドマーケティング」では、単にサイトやページへの流入口を創るだけでなく、サイト到達後に、CVまでの道のりをどうプロセスづけるか？　一連の導線を仕組化していくことまで考えるのがセオリーだ。

205｜ユーザーの生涯価値で考える「LTV」とは!?

●ユーザーの生涯価値へは高付加価値でもてなすべし

ユーザーがWebサイトに初めて訪れて、CV（コンバージョン=成約）に至ってから、CVの限りを尽くしてユーザー寿命を終えるまでの生涯価値を「ライフタイムバリュー」略して「LTV」と呼ぶ。もちろん、未来永劫に渡りユーザーが顧客として関係性を保ってくれればそれに越したことはないが、完結性のある教材やコンテンツ、ダイエットやエステなど期間性のあるプログラムなどは、ある程度の期間が経てば、ユーザーは“卒業”していくのが自然の成り行きとも言える。

LTVを全うするまでに、いかにユーザーに高付加価値を提供できるかが、そのユーザーからのバイラル（口コミ）で新規ユーザーへの拡散が成立するカギになる。

206｜計算と確率で攻めるWeb集客戦略

●Web広告は集客の立ち上がりが迅速である

Web集客を実現するには、SEOで検索ランキング上位を狙うか、SNS等でバイラルマーケット（口コミ市場）を作り出すか……Webサイトを作って単に公開しているだけでは、集客に繋がる可能性が低いことは知っておかなければならない。

Webサイトで手掛けるビジネスの種類・カテゴリにもよるが、期間的に立ち上がりが早く、「コスト：売上を数字で測る」という“計算と確率が成り立つ集客戦略”がWeb広告である。Web広告手法は多岐にわたるが、いずれにしても、費用対効果を検証しやすく、「広告費をいくら掛ければ、クリックが月間どれくらい獲れて、サイトを訪問した見込みユーザーの内、何%がCV（コンバージョン）したか？」という検証ができる。その運用が安定すれば、「広告費予算をいくら増額すれば、売上が何%上昇する見込み」という仮説計算が立つようになるのだ。

Webサイトがビジネスにおいて有利なのは、多くの要素を数字によって検証できること。Web集客においても、有効な投資を行い、迅速な立ち上がりを目指していくべきだ。

207｜Web集客における顧客獲得単価という考え方

●「CPA」の算出で、ユーザー獲得への投資効果を測る

Web広告による集客マーケティングの中では、あらゆる角度での数値検証が可能であるが、特に資金投資の費用対効果を測る上で重要となるのが「コスト・パー・アクイジション」……略して「CPA」で「顧客獲

得単価」である。これは、売上・問い合わせ件数・資料請求数など、CV（コンバージョン）を定めた上で、広告コストをCVで除算したもの。結果、CV1件当たりのコストが算出され、即ち「顧客獲得単価＝CPA」となる。

Webビジネスの場合、閲覧＝収益とは限らないので、「いかにクリックされるか」……つまりアクセス件数も重要であるが、それ以上に「何件CVしたか？」が重要なのである。その1件当たりのCVコストであるCPAを測ることで、「果たしてこのプロモーション、この運用が投資として適なのか？」を判断するベース数値となるのだ。

広告媒体ごとの投資効率を見極めるのにも活用できる。Web集客における、最大の目的は、「いかに成果＝CVに繋げるか？」ということを忘れてはならない。

208｜高LTVユーザーへの広告戦略とは

●目先の損益ではなく、生涯価値で獲得単価を考える

ユーザーが初回のCV（コンバージョン）から、ユーザーとしての寿命を終える最終CVまでのトータルの価値を「LTV（ライフタイムバリュー）」と称することは先に述べた。このLTVに対して、広告予算……つまり顧客獲得単価である「CPA」をどう考えるか？　ユーザー獲得のCPAは、初回のフロント商材であるCV額と言う"目先の損益"ではなく、あくまでも生涯価値であるLTVのトータル金額で考えることが重要だ。

仮にCPAに1万円掛かったユーザーが初回CVで5,000円しか購入しなかった場合、5,000円の損失と考えるのではなく、次回リピートで2万円購入してくれれば、差し引き15,000円の表面粗利ということ。仮に、このサイトでのLTVが10万円あるならば、CPAが1万円なら9万円の表面粗利がトータルで得られるということになる（※いずれも商品原価は考えない例えで表面粗利とした）。目先ではなく、あくまでもユーザーの

生涯価値（サイト内で消費する平均顧客単価）で獲得コストを考えることだ。

209｜検索連動型広告掲載順位の決まり方

●広告ランク決定は、入札単価だけでなく品質スコアが重要

自然検索対策のSEO対策とは違い、検索連動型広告は、最低限広告審査を通る原稿であることが前提であるが、基本的には広告媒体費を支払えば表示される広告だ。

だがしかし、クリック単価を高額で入札すれば、それで広告掲載順位を上位化できるかというと、そういう単純なものではない。複合的な要素の掛け合わせで順位が決定されるオークション方式なのだ。

最終的に広告の掲載順位は、「広告ランク」によって決まるのだが、その構成要素は下記のようになっている。広告ランク＝入札単価×品質スコア＋広告フォーマット（広告オプション）……つまり入札単価は、予讃の許す限り高額な単価を入れれば係数として高くなるが、「品質スコア」についてはサイトのクリエイティブ性やアクセス成果によって決定されるものである。

なるべくクリック単価を安く、広告掲載順位を上昇させるには「品質スコア」が重要ということになる。

210｜品質スコアの構成要素

●品質スコアを上昇させることで、クリック単価も抑制できる

広告ランクを左右する「品質スコア」は、いわば「広告の評価」であり、キーワードごとに10段階で評価される。この評価が高いほど、クリック単価が安価のまま広告が上位表示される可能性が高くなるので、ぜひ評価を高めて有利な出稿を行いたいものだ。「品質スコア」が決定される主要要素は下記の3つである。

・クリック率……クリックされやすい広告は、良い情報をユーザーに提供しているという評価。
・ランディングページの品質……ユーザーがクリックした広告が表示させるページは、良いコンテンツ・操作性を提供しているか？
・キーワードと広告の関連性……ユーザーが求めている情報を広告として提供しているか？　基本的なことであるが、最も重視される要素でもある。

「品質スコア」が高まれば、よりクリック単価を抑えた出稿が可能になり、クリック単価が下がることで、同一の広告媒体費予算でも、より露出が高まる。このように、「品質スコア」が高まることは、検索連動型広告において、メリットの連鎖ループを実現させる力があるのだ。
（※「品質スコア」とはGoogleの名称です。Yahoo!では「品質インデックス」と呼ばれており、内容としては同じ指標です。この記事ではまとめて「品質スコア」と記述しています。）

211｜品質スコア・アップ対策 その1

●思わずクリックしたくなる広告文でCTRを上昇させる

品質スコアを上昇させる要因の一つに「CTR（クリック・スルー・レート）＝クリック率」を上昇させることがまず大切だ。CTRが高いということは、それだけユーザーに興味を持たれる広告を配信しているという裏付けであるので、評価が高まるのは当然の成り行きと言える。

では、どのようにしてCTRを上昇させるか？　まずは、とにもかくにも、「ユーザーがクリックしたくなるタイトルと広告文を作る」。シンプルではあるがこれに尽きる。「当たり前のことを言うな」、とお叱りを受けるかもしれないが、タイトルならびに本文共に、文字数制限のある短文の中で、ユーザーのウォンツにダイレクトに訴求できる文章、いわばセールスコピーを書くのは、それなりの経験とセンスが必要である。まずはタイトルに検索のキーワードを含めること。そしてユーザーのメリットや競合と差別化になる数値や信頼となるような実績（受賞やランキング、満足度や販売実績など）はぜひ入れるべきだ。

ユーザーが「他人事ではなく自分事」として認識できるよう、あなた自身がまずクリックしたくなる精度にまでブラッシュアップすることが必要である。

212｜品質スコア・アップ対策 その2

●広告ランディングページの品質を強化する

検索連動型広告では、広告文自体の品質もさることながら、クリック先の広告表示ページ、つまり「ランディングページ」の品質まで、評価の対象であり、これが品質スコアを左右する要素にもなるので注力したい。評価要素としては、コンテンツ力や情報の透明性、分かりやすさも重視されるが、UIとしての分かりやすさや操作性、CVまでの導線など、「ユーザービリティ」も含めて総合的に評価されるので留意するべきだ。

広告媒体サイドからみても、ユーザーは自社媒体を利用してくれる“お客様”である。よって、そのお客様であるユーザーに対して、良い検索環境を提供することが媒体としての務め。すなわち、ユーザーに質の高い情報を提供し、快適な情報収集活動の環境を提供する広告を「品質の高い広告」として推奨するというわけである。ごく自然な概念と言える。広告を表示させるミニサイトであっても、「ユーザー目線でのユーザビリティ確保」が大切、ということだ。

213｜品質スコア・アップ対策 その3

●検索キーワードと広告・LPの関連性を高める

品質スコア・アップの3つ目は、「検索キーワード・広告文・LP」という3要素の関連性をより高めるということ。これも媒体がユーザーに提供する配慮として、ユーザーが求める検索に対して、その「解」となる検索アンサーを的確に提供していきたいのだ。

だからこそ、検索に対して、ユーザーを期待させるタイトル、その詳細となる広告解説文、さらにユーザーがクリックした後にランディングするWebサイトでのコンテンツは、的確にユーザーの検索内容と期待に添っていることが必要なのだ。仮に広告とランディングページがミスマッチだった場合、ユーザーは失意のもと直帰することだろう。そんな事態を避ける意味でも、媒体は、情報の関連性を重視する。広告ごとに適切にマッチするランディングページを作る。もしくは反対の角度で、宣伝したいランディングページにはマッチした最適な広告タイトルと解説文を用意する。この鉄則を遵守すべきだ。

214 | Web広告の費用対効果投資判断

●広告順位とCPCのバランス判断を見極める

品質スコアを極力高めていくことは努めていきたいが、「上限CPC（コスト・パー・クリック＝クリック単価）をいくらで入札すべきか？」は運用の腕の見せ所だ。

広告の業種によっては、クリック単価は非常に高額なキーワードも少なくない。CVベースではなく、あくまでも「クリックを成果」として課金される検索連動型広告は、「1クリックあたりでどれくらいコストが掛かるか？」、つまりCPCが広告費予算総額を左右する重要な要素になる。当然CPCを抑えて運用することができれば、同じ広告媒体予算でも、露出できるインプレッション回数が増加することを意味している。品質スコアを最大限に高めたら、上限CPCも広告ランクを決める重要要素だ。

ここで、表示で何位につけているのが、最もCPCとCTR（クリック率）さらにはCVまで含めた総合的な費用対効果バランスが良いのか、その投資判断をする必要がある。当然、広告表示も順位が高いに越したことはないが、上位化するために、よりCPCが高まり、結果投資効率が下がってしまうのでは本末転倒だ。「広告表示1位でないながらも、○位につけてCPCは○○○円にセーブするのが最も投資効率が良い」……このように最適な広告運用解析をデータ取りして、PDCAサイクルで成果を最大化したいものだ。

215｜Web広告の投資判断指標とは？

●ROASで直接的な費用対効果を診る

Web広告の費用対効果を測る投資判断指標として、直接的な判断をするにはROAS（リターン・オン・アドバタイジング・スペンド＝広告費用対効果）が挙げられる。これは、売上を広告費用で除算した数値で、費やした広告費に対して何倍の売上を得ることができたかを表す指標。このROASが高いほど効果的に広告を出稿できていることになる。たとえば、広告費に100万円を投じて、売上が300万円なら300万円÷100万円×100＝300％、すなわちROASは300％ということになる。

ROASは売上ベースの指標なので、利益ベースの指標であるROI（Return On Investment＝投資費用対効果）と組み合わせて用いることが重要となる。

216｜Web広告のクリック率と成約率を伸ばすコツ

●ABテスト運用にて成果を最大化する

Web広告においてCTR（クリック率）とCVR（コンバージョンレート＝成約率）を上昇させるには、ABテスト運用が有効である。広告文やランディングページを複数用意して、結果が思わしいバージョンに、広告予算を寄せていくという施策だ。

一挙に差し替えてしまうと比較が困難になるため、なるべく同時か、近い時期に実施するのが望ましい。広告文では、タイトルは同じくして解説文が違うバージョンや、その逆を試してみる。ランディングページでは、ユーザーが流入時に一番最初に目にするファーストビュー画面内の、キャッチコピーやキービジュアルのバージョンを替えた内容でテスト施策をする。ちょっとしたニュアンスの違いで、ユーザーの反応は驚くほど変わるものだ。

217｜ABテストを繰り返し、かつ継続的に続けるべき理由

●競合も改修運用を施策していることを忘れるべからず

ABテストは、一度良い結果が出たからといって、それで完了してしまうのではなく、パフォーマンスが低下するようであれば、再度ABテストを実施してみることが大切だ。その理由は、自社がABテストによって改修運用を手掛けたのをみて、競合がそれに合わせて、上回ることを目的として改修運用を強化する可能性があるからだ。

また、新たな競合が市場に新規参入してくるリスクも当然ある。絶えず市場には目を向けて、競合の打ち出し方や新規競合の台頭を見張っておく必要があることを忘れてはならない。

市場とは常に動いている波である。その波にどうすればうまく乗れるか？　またどのように守れば自社のシェアを奪われないか？　判断の感度は常に高めておく必要がある。

218｜「いますぐ客」と「そのうち客」への広告使い分け

●リスティング広告とディスプレイ広告の使い分け

ユーザーがキーワード検索を行った際に検索結果の上部枠に表示される「リスティング広告」と、Webページの一部として埋め込まれて表示されるバナーの「ディスプレイ広告」は、ユーザーの興味度や緊急度、すなわちユーザーのCV（コンバージョン）に向かうステージが違うと言

える。

あくまでも“セオリー”という前提ではあるが、検索連動型であるリスティング広告は「いますぐ客」つまり顕在ユーザーに有効で、ディスプレイ広告は「そのうち客」、こちらは潜在ユーザーに有効と言われている。「いますぐに必要」「適したサイトがあれば即問い合わせや購入をしたい」と“結果”を求めるユーザーにはリスティング広告が適しており、「なんとなく情報を集めている」「ネットサーフィンをしているうちに何か良いサイトがあれば……」という興味レベルでリサーチをしているレベルのユーザーの興味を惹くにはディスプレイ広告が適している、という具合である。

リスティング広告で、顕在ユーザーを着実に集客しながら、ディスプレイ広告で近い将来の顕在ユーザーとなるべき潜在ユーザーへ種を撒いておく……そんなイメージで捉えておきたい。

219｜顕在ユーザーの「いますぐ」を実行させるには？

●ユーザーがあなたから今すぐ買うべき理由を明確に

ユーザーからの広告クリック＝課金となるPPC（ペイ・パー・クリック）であるリスティング広告では、CV（コンバージョン）効率を高めて、資金を極力有効活用できる運用を手掛けていきたい。

顕在ユーザーに有効であるリスティング広告は、ユーザーの「いますぐ」をカバーすべき広告であるので、CVへ着実に誘導するための広告タイトル・広告解説文が重要だ。何せユーザーは「有力なサイトがあればCVしたい」という要望をもって検索をしている。よって、「漠然と何かを探している」という“ニーズレベル”ではなく「具体的にこういう物・サービスを探している」という“ウォンツレベル”なのである。

だから、タイトルや解説文には、「ユーザーがあなたから今すぐ買うべき理由」を明確に記載したい。信頼となる実績や人気度、納期や具体的な価格など「条件が合うなら即CV」と期待させるようなキーワードを盛り込んでいこう。

220｜ユーザーの比較検討期に効く広告施策

●リマーケティング広告でWebサイトに再来訪を促す

業種や商品サービスによっては、ユーザーが即CV（コンバージョン）に至りづらいケースも見受けられる。特に高額な商品サービスや、利用が長期にわたるケースでは、その傾向が顕著だ。学校やスクール、美容系、トレーニングジムなどがその代表格として挙げられるだろう。

ユーザーの視点で言えば、「気に入った」と思われるWebサイトに巡り合ったとしても、まずは慎重になることが予測される。「とりあえず候補に挙げておいて、一応他も見てみる」という行動を取るということだ。つまり「ユーザーの比較検討期」ということである。

この比較検討期において有効なのが「リマーケティング広告」（Googleの名称。Yahoo!では「リターゲティング広告」）だ。Webサイトに来訪したユーザーに対して、他のサイトを検索している際にも、自社の広告を見せて、再来訪を促す、という手法だ。比較検討期において「どこにしようか」と迷うユーザーに再度コンテンツをみせることは、"あとひと押し"を実行する有効な手段である。

221｜リマーケティング広告が"追客広告"と呼ばれる真意とは!?

●比較検討期の再来訪ユーザーに見せるべきコンテンツ

リマーケティング広告（Googleの名称。Yahoo!ではリターゲティング広告）は、"ストーカー広告"と揶揄されることもあるが、ユーザーの検索行動に追随していくことから、ポジティブな意味で「追客広告」と称することができる。"客を追う"と言うと、ネガティブに映るリスクもあるが、「ユーザーが求める情報を提供する」という価値が提供できれば、それはユーザーにとって歓迎されるべきコンテンツであるし、本来Webサイトが発信するべきコンテンツは「ユーザーにとって価値がある情報」に則るべきなのだ。

従って、“追客広告”であるリマーケティング広告では、ランディング先のWebページのコンテンツで、「いかにユーザーが求めるコンテンツを再度見せるか？」いわば「魅せるか？」がポイントとなる。比較検討期にあるユーザーは、競合他社とあなたのWebサイトを見比べているということ。つまりどちらのサイトに掲載されているブランドや商品サービスが自分に適しているかを比較精査しているということだ。

よって、その広告ランディングページでは、競合他社より、あなたの商品サービスを選ぶべき理由・差別性・独自性を強力にアピールする必要がある。

222 ｜「態度変容」という考え方

●マイクロCV設定によって心理ステージを切り分ける

ユーザーをCV（コンバージョン＝成約）にまで誘導する中間チェックポイントとして「マイクロCV」という考え方がある旨は前章でお伝えした。たとえば、資格やセミナー講座を受講するユーザー向けのWebサイトであれば、最終的なゴールであるCVは「受講」であり、「問合せ」や「資料請求」が代表的なマイクロCVである。

そしてこのマイクロCVに対して広義で捉えるのであれば、開催日程や会場情報ページもマイクロCVと位置付けることができる。この状況をWebマーケティングでは「態度変容」と呼んでいる。本気で受講する意思があるからこそ、日程や会場などの詳細情報を調べているのであって、この時点で「単なる興味本位」から「具体的な詳細リサーチ」に行動が移り、すなわち「CVに向けてのステージがランクアップした」、と捉えることができる。

そういった細かい心理ステージごとの態度変容を一つのマイルストーンとして捉えることで、打つべき施策が見えてくるのだ。

223｜中間成果に追客を仕掛け、最終成果を促す

●マイクロCVページからリマーケティング広告の発動

マイクロCV（中間成果）は、CV（最終成果）に繋がるための大切なマイルストーンだ。このマイクロCVという考え方は、設定・解釈次第でさまざまな要素を「マイクロCV」として捉えることができる。前回伝えたような講座ビジネスの場合、開催日程や会場情報を閲覧する、という行動もれっきとしたマイクロCV。受講する意思や検討があるからこそ、該当ページを閲覧しているわけである。

この潜在興味から顕在興味に移った「態度変容」に対して、リマーケティング広告（リターゲティング広告）を仕掛けていくのは、重要な追客施策だ。それぞれのマイクロCVページに対して、どのような追客施策を仕掛けていけばより効果的か？　ユーザーの視点に立って、後押しされるされるような広告施策を考えていきたい。

224｜媒体費を効率的に活用するコツとは!?　その1

●除外キーワードでロスクリックを最小限にとどめる

リスティング広告を運用する際、必ず手掛けたいのが「除外キーワード設定」だ。「除外キーワード設定」とは、「この単語を含むキーワードで検索してきたユーザーには、広告を表示させない」という“ユーザーの絞り込み”を仕掛けていくことで、関心の高いユーザーに絞り込んで広告を表示できるというもの。つまり、ロスクリックを最小限にとどめることで、広告媒体費をセーブし、その資金を有効なクリックに集めることで、CVR（コンバージョンレート=成約率）やROI（投資費用対効

果）を高めていくことができるのだ。

Web広告の運用では、ユーザーに広告をクリックさせるだけでなく、ターゲットではない……もしくはCVする可能性が低いユーザーにはクリックしないで頂く、という運用が必要なのである。除外キーワード設定のきめ細やかさは、運用成果を大きく左右する重要施策ということを覚えておきたい。

225｜媒体費を効率的に活用するコツとは!? その2

●出稿地域や曜日、時間帯をコントロールする

特に地域性は関係なく対応できるECサイトはともかく、CV（コンバージョン）後が対面でのビジネスなどの場合、多くは地域性が密接にかかわってくる。

たとえば、一都三県エリアでしか対応していないビジネスのWebサイトが、九州のユーザーに広告をクリックされても、CVとなる可能性は極めて低いと言えるだろう。こういった地域ビジネスの場合は、広告の出稿エリアを絞る必要がある。また、CVが電話によるコンタクトが多い業態などの場合、（週末が休業であるなら）週末は広告出稿をカットしたほうがロスを抑えることができるし、同様に夜間も同じことが言える。もちろん、夜間に広告を見て、翌日の日中に電話にてCVとなる可能性もあるが、やはりユーザーが「広告とランディングページで、コンテンツが気になった直後のモチベーションでCV」という展開が最も高効率と言える。

これらの絞り込みは、業態やエリアの確認や見極めも重要であると共に、CVの傾向から導き出していく「効果検証による絞り込み」が必要なのだ。

226｜SEMのネクストステージ運用

●SEMでの好実績は、SEO対策も仕掛ける

Web広告を運用する「SEM」とは、正式名称が「サーチエンジンマーケティング」の略称だ。その名の通り、「ユーザーの検索サーチ」の結果に対して表示展開して行く集客手法である。「SEM」にてCV（コンバージョン）実績が高いキーワードは、その商品サービスにとって実に有効なキーワードである裏付けと言える。よって、CV実績が高いキーワードについては、SEO対策も仕掛けて行きたい。昨今のユーザーはWebリテラシー（知識）が高い傾向にあるので、広告サイトよりも自然検索で上位ランクされているサイトを“権威”と見なすケースもある。

検索上位表示が実現すれば、信頼度もアップし、広告経由ではなく自然検索経由でのアクセスとなれば、Web媒体費のコストセーブにもなるので、まさに一石二鳥だ。

227｜電話やFAXは重要なオフラインCV

●オフラインの問合せCVはリスト化すべし

ユーザーが何か質問や相談がある場合、Webサイトに問い合わせフォームがあったとしても、それを利用した「オンラインCV」ではなく、電話やFAX、もしくは直接来店での「オフラインCV」となるケースも多々ある。そのような「オフラインCV」はぜひリスト化して、傾向をデータ化しておくべきだ。問合せや相談内容はもちろん、氏名や年齢、居住エリアやコンタクトの時間帯、どんな手段で自社を知ったのか、など……コミュニケーションの中から、ユーザーを不愉快にさせない範囲で情報を伺いたい。

そのデータが蓄積されることで、自社がどんな魅力や強みを持っているのか、そしてどんなコンテンツが不足しているのか、見えてくるはずだ。またデータは蓄積するだけでは資産としての本来の意味をなさない

ので、Webサイトの運用や改修に積極的に反映していきたい。

228｜テストマーケティングとしてのSEM

●SEO対策のキーワード選定におけるSEM活用

競合の少ない“スモールキーワード”ならいざ知らず、ある程度市場性が見込めるキーワードへの検索上位対策、すなわち「SEO対策」には、実現までに時間を要するケースが少なくない。つまりそれだけ、コストがかさむ施策であることも意味している。

たとえ時間が掛かったとしても、上位表示が実現することによって、アクセスが伸びてかつCV（コンバージョン）も伸びる「市場性が高いキーワード」であれば早期に回収できるが、「上位表示は実現したが、アクセスアップにもCVにも繋がらない」という状況に陥っては、全くのロスである。

よって、「果たしてこのキーワードには市場性はあるのか？」というテストマーケティングを行うためにSEM（リスティングが代表するWeb広告）を打ってみるのは有効な施策だ。リスティング広告を仕掛けてみて反応が上々で、そのキーワードが上位化を実現できる可能性があるなら、ぜひとも投資としてSEO対策を仕掛けていきたい。そしてそのキーワードで上位表示が実現するまでは少なくとも“繋ぎ”としてリスティング広告は継続出稿してポジションをキープしておくべきだ。

229｜SEMがテストマーケティングに最適な理由 その1

●ユーザーの“今すぐ”ウォンツに即時対応可能な手法

SEO対策が時間を要する集客施策であるのに対し、SEMがスピーディーな出稿……すなわちユーザーに素早くリーチできて即効性があるため、テストマーケティングに適する旨は前述した。

これは同時に、ユーザーの「今すぐ欲しい」というウォンツに対しても供給解決できることを意味している。ユーザが検索時に入力したキーワードに対して、その検索結果として表示されるのがSEMのリスティング広告だ。つまり、"その瞬間、ユーザーが何を求めているか？"を端的に表しているといえる。よって、「どのような状態のユーザーをターゲットにするのか？」という選定を、企業側がキーワード設定や広告文によって能動的にコントロールすることができるのだ。

ユーザーが求めている"今すぐ"に対して魅力的なアプローチや、競合にはない独自的な付加価値を提供して行けば、永らくリピートされる可能性のある、優良な顧客開拓のマーケティングチャンスになりえる。

230｜SEMがテストマーケティングに最適な理由 その2

●キーワードごとに"受け皿"となる適したLPを設定できる

SEMでは、出稿側が広告のクリック先となるランディングページを任意のページに設定することができる。したがってキーワード別に適切なページへの誘導、さらにランディングページからWebサイト内の適切なコンテンツへの誘導が可能で、これはすなわち「集客導線」が構築されることを意味している。

上記により、「ユーザの状況やウォンツにより、企業が意図するコミュニケーションや提案を設定する」ことができるため、設定したキーワードやキャンペーン、グループ別の評価がはっきりと目に見える形で行えるようになり、テストマーケティングの手段としては最適な媒体と言える。

●参考 「リスティングを活用したテストマーケティングのススメ」http://www.bebit.co.jp/wanote/column/738/

231｜SEMがテストマーケティングに最適な理由 その3

●サイト全体改修のテストマーケティングとして活用できる

Web集客マーケティングにおいて成果効率をアップさせるには、効果検証をもって新たな仮説を立てて、コンテンツとして反映していくPDCAサイクル運用が重要であるが、この場合にもSEMによるテストマーケティングが活用できる。Webサイト全体を改修するには、時間コストや修正制作コストを要し、さらに時にブランドイメージ全体を左右する可能性もある。

そこで、キャンペーンとして、ランディグページを構築し、SEMによる集客を実施して、テストマーケティングを行うのである。サイト全体をセミリニューアルするよりは、時間的にもコスト的にも節約しながら、果たしてそのキャンペーンや舵きりが適しているのかをスピーディーに判断することができるのだ。

232｜クリックされやすい広告文とは？

●ユーザーの検索クエリを巧く先回りする

広告がCVするかどうかは、広告文とランディングページ、そして商品力のコンビネーションによって成果が左右されるものだが、まずは広告がクリックされないことには全てははじまらない。よって、広告文の精度がまず重要となる。

ここでは、「ユーザーの興味を惹けるか？」がクリック率の決め手。そのためには、「ユーザーが何を求めているか？」を想定して、“先回り”することだ。特にリスティング広告は、ユーザーの“今すぐ”に対して有効な広告だ。ユーザーの“今すぐ”という心理は、「検索クエリ」（検索フレーズ）に顕著に現れる傾向にある。

ユーザーが自社の商品や該当ジャンルに対して何を求めるか？　どんな検索クエリを含めるか？　これらを複合的に勘案して、広告文に含めることがクリックされやすい広告文の基本となる。

233｜広告文の検索クエリ設定で採り入れるべきポイント

●アンサーハイライティング機能を活用する

SEMでは、ユーザーの検索クエリが、検索結果としての広告表示内で“ボールド”（太字）にてハイライト表示される。これを「アンサーハイライティング機能」と呼んでいる。やはり視覚的にユーザーの目につきやすくなるので、積極的にユーザーが検索するであろうクエリを広告文に盛り込むことでクリックを促したい。

そして、広告文の内容や文脈にもよるが、検索クエリは、なるべく文の前方に配置するほうが、さらに目につきやすくなる。ユーザーは広告を探しに来ているのではなく、自分の検索結果を探しに来ているのだ。よって、広告が目についても、「じっくり読まれる」ではなく「さらっと見られる」程度のレベルと捉えておくべきだ。ユーザーの「自分が探している情報を発見できた」をいかに実現するか？　これがポイントである。

234｜CVR向上のためのユーザー絞り込み

●ロスクリックを減少させるために、あえてユーザーを排除する

SEMにとって大敵なのは“ロスクリック”である。すなわち広告クリック後のランディングページで離脱して、CV（コンバージョン）や再来訪の可能性が極めて低い、“ターゲットにならないユーザー”によるクリックは、極力排除していく。これが広告媒体費を節約すると共に、CVR（コンバージョンレート＝成約率）を上昇させる重点施策だ。

具体的には、あえてユーザーを絞り込んで、該当しないユーザーはクリックしないように広告文を考案するのが一手である。たとえば「年収800万円以上の転職探し」「28歳未婚のOL女性」など。……ユーザーが「これは自分のことだ！」と思わずクリックせずにはいられないターゲティングをすることが、CVRを稼ぐユーザーの絞り込みとなる。あまりにも絞りこみすぎると、ニッチすぎて、そもそもの母数が足りないとい

う現象を招きかねないので、バランスが重要である。

235｜成約寸前の優良顧客を穫りこぼすな

●成約率を高めるフォーム最適化施策「EFO」

「Webサイトのマーケティングファネル」という用語がある。「ファネル」とは「ろうと」形状をあらわしている。

サイトの閲覧開始ページであるランディングページからスタートして、その先の下層ページを回遊して、最終的にコンバージョン（成約）に向かうフォームにたどり着いて、送信されてようやくコンバージョンとなる。そこまでの道のりでは、まるで鮭が川を登るときのように、ユーザーが脱落していき、生き残ったユーザーがコンバージョンフォームまでたどり着く感覚だ。サイトにたどり着いて、興味を持たれず直帰、サイト内回遊をしているうちに、コンテンツに魅力を感じなかったか、使い勝手が悪く回遊離脱……フォームまでたどり着いてくれたユーザーは、ありがたいお客様なのである。

そのありがたいお客様の、「よし買うぞ！頼むぞ‼」というモチベーションが下がっている兆候となるのが、「カート落ち、フォーム離脱」と呼ぶ由々しき事態。フォームの入力項目が多すぎる、個人情報の必須が多すぎる、半角・全角などやたら制限が多い、入力をミスすると項目が全部リセットされる……など、「自分がユーザーの立場だったらどう思うか？　不便ではないか？」を再検証してみるべきだ。

フォームをユーザー視点で最適化することを、「EFO（エントリー・フォーム・オプティマイゼーション）」すなわち「フォーム最適化」と呼ぶ。ユーザーの視点で、使い勝手を向上しよう。

236｜EFOがもっとも迅速な改善施策である理由とは？

●工程・コストが少ない施策で成果に繋がる要点を攻める

「EFO」(エントリー・フォーム・オプティマイゼーション＝フォーム最適化）が、成果に繋がりやすい、もっとも迅速な改善施策である理由をLP（ランディングページ）の事例で考えてみたい。

たとえば、LPと申し込みフォームのCTA（コール・トゥ・アクション）だけで構成される、いわゆる“ペライチ”でのプロモーションと仮定し、LPへのセッション数1,000、フォームへの到達数100、送信数10というCVR１％のサイトとする。この場合、セッション数を増やすには広告予算を追加して、広告品質も高めて、SEO対策を強化するという多岐にわたる施策とコストが必要となる。

フォーム到達数を増やすには、キャッチコピーやキービジュアル、コンテンツテキストの見直し、デザイン性やレイアウト、CTAの位置など、複合的な要素改善が必要で、コストも必要だ。“ペライチ”ではなく、複数ページをサイトであれば、「サイト内回遊率」という要素もあるので、なおさらだ。

その点、EFOであれば、ユーザー視点で入力項目や入力方法を改善するだけで成果に繋がりやすいので、コスト的にも期間的にも、もっとも迅速な施策と言えるのだ。そもそも、フォームに到達している時点でCVへのモチベーションは高いユーザーである。その購買意欲を妨げるような障壁は取り除いてしかるべきだ。

237｜送信率を向上させるEFO施策 その1

●長いフォームを避け、入力項目は簡潔にする

「EFO」において、まず再検証すべき要素は“長さ”……つまり入力項目の数量である。ユーザーは、あまりにも膨大な数量の入力項目があると、心理的圧迫を受ける。つまり簡単に言えば、入力作業が煩雑なのである。

事実、筆者も通販でオフィス什器をECで購入しようとカートまでは進んだが、入力項目が20もあり、購入を踏みとどまった。その後に外出

を控えていたので「時間もないし、いますぐ買わなくてはならない理由もない。もう一度、他商品も他サイトで見比べてから検討しよう」と離脱した。「煩雑さ」という「不快・不便・負担」で購入のモチベーションが下がったのである。結局は、他に良さそうな商品もみつからず、煩雑な思いをしながら入力をしたが、それは2か月後のこと。同様のケースで他店にて購入したユーザーは存在するだろう。

そのCV（コンバージョン）時点で必要な情報なのか？　よく見直す必要がある。なるべくデータを取ろうと、アンケート的なフォームは避けるほうが、送信率は向上する。

238｜送信率を向上させるEFO施策 その2

●CV前の段階分けは極力排除する

時折、一見短いような入力フォームであっても、そのフォームを入力すると次のステップに進み、また入力すると次のステップへ……という堂々巡り的なフォームを見かけるが、これも送信率を下げる離脱を誘発するリスクがある。「まだ先あるのか」とモチベーションダウンが起こりやすく、またページ遷移によるタイムラグで、ユーザーの待機時間が発生する。そして、視線が切り替わることで気も散りやすい。送信完了までの段階が多いフォームは離脱しやすい傾向にあるので注意が必要だ。

たとえば商品通販のECなどで、配送方法を細かく指定しなくてはならない場合、購入決済というCVが完了した後に登録して頂くという手も有効だろう。購入後であれば、自分の所有物を早く手元に取り寄せるために行動したい、と心理が働く。しかし、購入前の煩雑さは、心理障壁に他ならない。

もちろん購入後も、トータルでの顧客満足を左右するので、ユーザーの不便・不快は極力避けるべきだが、「まずはCVを決定付けるには、どうフォームをしてもらうか？」という送信率確保を心がけたい。

●参考　「EFO（入力フォーム最適化）って？フォームを改善して売上を上げるための20のテクニック」 https://ferret-plus.com/511
「EFOとは？入力フォームを最適化する方法とその効果」https://webbu.jp/efo-2-346

239｜送信率を向上させるEFO施策 その3

●「必須」に対する考え方

フォームにおいて、ユーザーに確実に入力していただく項目については、「必須」マークをつけて、入力がない場合には送信不可能な設定にするのがセオリー。メールアドレスもしくは電話番号の記載がなければ、連絡の取りようがないことからも、最低限の必須項目が発生するのは間違いない。

入力がないと送信できないにもかかわらず、「必須」マークがないのは、あまりにも不親切なので避けるべきだ。そしてこの「必須」マークが多いと煩雑さによる心理障壁が大幅に上昇してしまうので注意が必要だ。特に住所や携帯電話番号、職業、年齢など、個人情報に関する入力は、抵抗を感じるユーザーも少なくない。

そのCV（コンバージョン）段階において、どの情報があれば最低限の進行や手続きに支障がないのか？　まずはフォームの送信率最大化を最優先に設計するのが「EFO」における「必須」の考え方だ。

240｜送信率を向上させるEFO施策 その4

●入力とキー操作の手間を極力省く

「EFO」では、入力項目は極力最小限化したい旨は前述したが、その絞り込んだ入力項目を、さらにユーザーが省労力で入力できるように配慮しておきたい。

たとえば、住所が必要な場合には、郵便番号検索で自動入力できる機能や、何かを記入させる場合に、選択肢が決まっているのであれば、ラジオボタンで選択できるようにするのは基本である。また、氏名や郵便番号も、入力枠は極力1つで済ませるほうがユーザーの利便性は高い。マウスやTabキー、方向キーを使用する回数は少なければ少ないほどユーザーの入力負担は減少させることができる。

半角全角は、フォーム側で自動変換できるのが理想で、「この項目は半角必須で、この項目は全角必須」というような混在は、紛らわしいので避けるべきだ。たまに、半角もしくは全角が必須であるのに、その記載がない不親切なフォームを見かける。そういった配慮不足は、時にユーザーのフォーム離脱を誘発する致命的な不快となるので、注意が必要だ。

241 ｜送信率を向上させるEFO施策 その5

●入力ミスに対する配慮

ユーザーが入力ミスを起こした場合には、その項目時点のリアルタイムでミス内容の指摘アラートを出力できるのが理想だ。入力完了後に表示するよりも、ストレスが少なく離脱を減らすことができる。エラーが指摘されている項目がわかっても、内容を修正できなければ何度もエラーを繰り返してしまうことになり、離脱の可能性が高くなる。

入力にミスがある場合のエラー表記をユーザーが見た時、それがどういうミスによるものなのかユーザーが理解でき、正しく再入力しやすいように工夫したい。入力をミスしたまま送信ボタンをクリックすると、「入力ミスがあります」という指摘があるだけで、どこがミスなのか分からない、もしくは、入力した内容が全て消去されてリセットされてしまうようなフォームもたまに見かけるが、それはユーザーの再入力のモチベーションを大きく阻害し、離脱のリスクとなるので避けるべきだ。

同様に、送信ボタンのそばにリセットボタンやキャンセルボタンがあると、誤ってクリックし、入力内容を消してしまう可能性がある。そういう機能ボタンを設置する必要があるフォーム項目なのか？　よく考えよう。

242｜送信率を向上させるEFO施策 その6

●CVボタンの最適化

せっかくユーザーがフォームに項目を入力し終えても、送信するためのCVボタンがクリックされなければ意味がない。まずはCVボタンを分かりやすい位置にレイアウトし、配色も目立つデザイン性を確保すること。優先度の高いボタンと、そうでないボタンにはサイズ的もしくは色彩の優劣をつけて、クリックされやすくすることも重要だ。

そしてボタン内の文言も「送信する」「資料請求する」「購入する」など、行動を促す動詞が適切である。無料会員登録を募るようなCVボタンであれば「会員登録する（無料）」もしくは「無料会員登録する」など、無料であることを念押しすることで、ユーザーの疑念や躊躇（ちゅうちょ）を排除することができる。ユーザーがCVというハードルを越えやすいように、背中を押してあげることだ。

243｜送信率を向上させるEFO施策 その7

●フォーム送信完了までの流れを明確化する

ユーザーがフォームやカートにおいて途中離脱する理由の一つとして、「手続き完了までのプロセスや入力作業量が見えず、面倒になった」というケースがありえる。たとえば、フォームの1ページ目を入力し終えて、送信ボタンを押したら、次ステップに進まされ、アンケートの協力など、またフォームの入力を迫られるなど……「この先のどれくらい入力させられるのだ!?」とユーザーのモチベーションを強烈に低下させるリスクがあるので注意が必要だ。

フォームは極力ステップ分けを行わず、シンプルにまとめるべきであるが、どうしてもステップ分けが必要な場合は、送信完了までの流れをチャートで知らせるなどの配慮をしたい。「必須項目の入力」→「入力内容の確認」→「送信完了」など、流れが明快であれば、ユーザーも自身の手間を把握しやすいものだ。

244｜送信率を向上させるEFO施策 その8

●誤離脱をセーブし、離脱意思を引き留める施策

同じフォーム離脱においても、2種類の離脱が想定される。1つは「戻るボタン」の誤クリックや、マウス操作ミスで「誤って離脱してしまう」というケース。もう1つは、明確な意思をもって離脱するケースである。

これらに対する共通の施策としては「ポップアップウィンドウで、離脱の意思を確認する」という一手が挙げられる。「入力項目が消去されます」「獲得した特典（クーポンなど）が無効となります」というアラートを出すことにより、前者の誤離脱ユーザーには操作を誤って進行しないための配慮となり、後者の離脱意思のユーザーに対しても、再検討の機会となる可能性がある。

後者パターンのユーザーに対しては、あまり執拗な引き留めを行うことでかえって心象を悪くして、思い直してのリピート訪問を阻害するリスクがあるので注意が必要だ。だが、特典などのユーザーメリットを喚起することで、思いとどまる可能性はあるので、少しくらいの慰留はトライすべきだろう。

245｜送信率を向上させるEFO施策 その9

●初期設定はボリュームゾーンを表示させておく

ユーザーに入力の負担をかけないように設計するのが「EFO」の基本であるが、表示の初期設定は、もっともユーザー分布の多い“ボリュームゾーン”を表示させておき。異なるユーザーが値を替えれば良いとい

うのも配慮の一つだ。

たとえば性別を選ぶラジオボタンでは、女性向けのコンテンツであれば「女性」にチェックを入れておく。住所欄では、東京が商圏のメインであれば、ドロップダウンを「東京都」に合わせておく。特にPCよりもスマホにおけるフォームでは、「いかにユーザーの負担を削減できるか？」が送信率確保のカギとなる。

246｜送信率を向上させるEFO施策 その10

●スマホにおけるEFO

ディスプレイの画面領域が小さく、PCよりも操作性が劣るスマホでの「EFO」に関しては、PCと比較してよりきめ細かい配慮を施したい。

まずは入力欄の幅サイズは十分に確保しておくこと。特に、高齢者がユーザーの対象となるサイトでは、スマホ操作に不慣れなケースも想定されるので、文字サイズを含めて視認性は確保しておくべきだ。エラー表示が吹き出しで出る場合などは、入力欄に被らないことを確認しておきたい。キーボードを切り替えるのも手間のかかる操作であるので、なるべく切り替えの少ない内容にまとめるのも大切な配慮だ。メールアドレスを確認用に2度入力させ、しかもコピーペーストが不可能な設定をたまに見かけるが、特にスマホでメールアドレスの手入力は大きな負担であるので、入力は1回のみとしたい。

ユーザーがCV（コンバージョン）の意向を持っても、フォーム離脱してしまうのでは意味がなく、またフォーム離脱したユーザーは再度の利用の可能性は極めて低いので、最適かつ快適なフォームでユーザーのCVを後押ししたい。

247｜SNSをフル活用する

●時代の要はSNS攻略

もはやWebのヘビーユーザーにおいては、「生活の一部」と称しても過言ではない「SNS」。多くの業種において、Web集客攻略の要と言える。特にスマホで閲覧することに適するコンテンツ、たとえばホビーや趣味性の強い業種、ファッションアパレル＆ライフスタイル、飲食関係、スポーツ＆トレーニング関連、就転職業界などは、当社で手掛けた事例からも、SNSとの親和性は高い。理由は、PCを持たず、スマホやタブレットだけでインターネットライフを楽しむ層や、休み時間中、移動中などに閲覧するユーザーが、これらの情報を求めていることが多いからだ。

自社の業種が、コンテンツとしてSNSユーザーと親和性が良いか？　そしてユーザーの閲覧行動とマッチするか？　もしマッチするなら、SNSでの情報発信と、SNSからWebサイトに誘導する導線を確保すべきである。

248 ｜ SNS毎に顧客層は異なる

●発信するコンテンツによりSNSを使い分ける

SNSには流行があるので、まずはその潮流の見極めが大切。単に登録数だけでなく、閲覧や投稿、ユーザー同士のコミュニケーションを活発に行う「アクティブユーザー」が多数存在するSNSブランド、そして自社のビジネスやコンテンツとマッチングの良いSNSに対してプロモーションを仕掛けるのが王道である。

文字情報の発信に有効なSNS、画像の簡易加工機能や閲覧＆検索性に強いSNS……もしくは複数の性格のSNSを連携させてユーザーを誘導するプロモーションや、「WordPress」などCMSと自動連携させて、更新運用の時間的コストを削減するなど……。流行とユーザーの質見極めと、発信方法使い分けを戦略的に行うのが、SNSを活用したWeb集客のツボである。

249｜ブログはアメブロが王道

●ブログポータルとしてのアクティブユーザー数にも着目する

ブログを活用しているビジネスユーザーの方は少なくないと思うが、個人ブログならいざ知らず、ビジネスブログなら断然「アメブロ（アメーバブログ）」をお薦めしたい。理由は、アクティブユーザーの数が他のブログサービスとは桁違いだからだ。

ブログが流行し始めた当初のデータではあるが、とあるメディアのリサーチによれば、アクティブユーザー数の首位がアメブロ（207万人）、2位がFC2（43万人）である。“桁違い”どころか“ダントツトップの独占市場”に近い。なぜそこまで独走できるのか？　一つは芸能人・著名人ブログを誘致して、ファン層を獲り込んだことも挙げられるが、独自のブランド構築や関連サービスとの相互性、そしてブログユーザー間同士のコミュニケーションツールにも要因はあるだろう。

とにかくアクティブユーザー数が多いブログサービスを使うのは、あなたのブログページに、見込み顧客が到着しやすくなる、大切な集客要素だ。ビジネスブログにはぜひ「アメブロ」を選択しよう。

ただし、「アメブロ」は規約として商用利用は禁止されている。過度な売り込み情報ばかりのブログは削除対象となるので注意が必要だ。

250｜無料ブログで絶対に避けるべきこととは!?

●無料プランの競合広告表示によるユーザー流出を避ける

Webサイトへの流入経路として、無料ブログを活用することは、そのブログサービスにアカウントを持つユーザーが浮動潜在層として見込み顧客化できる可能性もあるので、積極的に活用したい。ただし、無料ブログを活用する際に気を付けなければならないのが、無料プランのままブログサービスを活用すると、サイドエリアや本文コンテンツ下部に広告が無作為に出稿されるケースが多々あるということだ。

この広告には、ブログコンテンツに関連する広告が配信されることも多いので、自社の商品サービスの競合となる広告が配信されるリスクがあるということ。つまり、せっかく本文コンテンツで、商品やサービスに興味を頂いたとしても、競合の広告に目を惹かれて、競合のサイトを訪問してしまうケースが発生するということだ。これは致命的な見込み顧客の流出と言える。実際にコンサルティングで初見のクライアントのプロモーションを拝見すると、このミスを犯している方は少なくない。

サイト外でブログサービスを活用する場合には、有料プランを選び、自社が意図しない広告が配信されないように留意したい。

251 | SNS攻略により、顧客獲得単価を抑える

●ペルソナ周囲のコミュニティを拡散で巻き込む

現代型のWebマーケティングにおいては、ソーシャルメディア、すなわちSNS攻略は重要度の高い位置付けにある。理由としては、Webユーザーは高い確率で何がしかのSNSを利用しているケースが多いこと。そして、SNSの多くは、情報を別アカウントのユーザーに拡散する機能を有しているものが多いことが2大要素として挙げられる。つまり、Webサイトでコンバージョン（成約）ユーザーが、その体験をSNSで拡散してくれれば、ユーザーの友人や関係者などが次の顧客になる可能性が出てくる、ということだ。

Webマーケティングで考慮すべき要素にCPA（Cost Per Acquisition）、すなわち顧客獲得単価という概念がある。新規の顧客を獲得するのは大きなコストが掛かるものだ。しかし、完全な新規ではなく、既存顧客であるユーザーの周囲を、バイラル（口コミ）やSNS拡散で囲い込めれば、大きなコストセーブとなる。

前述のコミュニケーションデザインにより、ペルソナの周囲環境を策定するのは、ペルソナに何か嗜好性があれば、その周囲のコミュニティは

類似の嗜好性を持っている可能性があり、SNS拡散により顧客化の期待が持てるからである。SNS攻略を成功させることで、CPAのコストセーブをしながら、ペルソナ周囲の囲い込みを最大化したい。

252 | SNSのアクティブユーザー数に着目する

●アクティブユーザー数に着目してより有利に浮動顧客を囲い込む

SNSには人気度や流行によって、アクティブユーザー数と言われる実際に利用している有効なユーザー数が異なるので、アクティブユーザー数をある程度把握した上で、自社サービスとのマッチングを策定していきたい。また、対象SNS全体のアクティブユーザーだけでなく、ユーザー層ごとの人気度シェアについても押さえておく必要がある。せっかくSNSに時間的コストや人件費を割いてSNSプロモーションを行っても、自社サービスのコアターゲットになるユーザーが、対象SNSをあまり利用していないのでは費用対効果に見合わなくなってしまう。

そして発信する情報が写真中心なのか、テキスト中心なのか？　情報のスタイルや対象SNSの趣旨も、自社サービスとのマッチングを考える必要がある。年代ごとのソーシャルメディアの利用状況については、マーケティングデータのをまとめている機関のWebサイトが検索で参考にできるので、いくつかのデータを比較すれば、おおよその動向はつかめるはずだ。そして近しい関係性にあるユーザーに実情や流行をヒアリングするのも有効な施策だ。SNSの人気度は移り変わりも激しいので、その流行の潮流には感度を保っておきたい。

253 | SNSは運用方針・ルールを明確に

●SNSプロモーションを運用ルール化し、社内共有する

ブランドとして各種SNSでプロモーション展開を行う場合、「運用方針・ルール」は明確に設定し、社内の関係者・担当者でしっかり意識共

有すべきだ。そして、そのルールに従って運用を徹底励行する必要がある。代表的なルール例としては下記が挙げられるだろう。

・SNSでのプロモーション目的＆成果およびゴール
・ポストする記事のコンセプト
・記事のバリエーション
・目標エンゲージメントやWebサイト連動のKPI
・担当メンバーとローテーション
・更新頻度
・ユーザーリアクションへの対応シミュレーション　など

もちろん、上記以外にもブランドや展開するSNSページの主旨により、最適な運用方針・ルールがあるだろう。大切なのは、担当者間や部内、社内で「共通認識化」すること。担当の独断で主観にもとづいた運用ではなく、ブランドとしての一貫した統一性を大切にしたい。

254｜エンゲージメントという考え方

●ユーザーに求められる記事をポストすることでファン化する

SNSでユーザーとの関係性をはかる概念に「エンゲージメント」というものがある。エンゲージメントを直訳すると「婚約」「約束」になるが、マーケティングにおけるエンゲージメントとは、ブランドとファンであるユーザーの、関係性の絆やロイヤルティ（集中度や求心力）を表す名称として認知されている。

たとえば、Facebookページではエンゲージメントをはかる指標として「エンゲージメント率」という計算が行われるが、「（投稿に付いたいいね！＋コメント＋シェア）÷ファン数」という考え方や、発展形として、アクティブユーザーや具体的なアクションをとったユーザーを重視する

「(投稿にいいね！・コメント・シェアまたはクリックをした人数）÷投稿のリーチ数」という考え方も出てきている。

メディアを運用する上で、費用対効果をはかるためのKPIとして、リーチ数やエンゲージメント率を把握して、向上させる努力をするのは必要である。その上で、そもそもユーザーがファンとなる心理には、ユーザー自身が「自分のためになるから」という理由が存在することを忘れてはならない。

つまりユーザーにとって役に立つ情報や、エンターテイメントとして面白いと思われるなど、「ユーザーに求めれるコンテンツをポストする」という意識を忘れてはならない。その結果としてエンゲージメントがついてくるのだ。

255 | SNSでの企業アカウントを積極活用する

●PRプロモーションに最適なFacebookページを活用する

SNSとビジネスを融合させる場合、そのブランドや商品サービスの趣旨や、ユーザー層とのマッチングにもよるが、Facebookの機能の中でも企業や団体のアカウントページとして活用できる「Facebookページ」を活用していきたい。

個人ページの場合は、友達や、繋がりのある知人間でのコミュニケーションが主であるが、Facebookページでは、ユーザーをファン化してPRプロモーションとして活用できるメディアとなる。Facebookページのメリット的な特徴を挙げると、下記となる。

- 「いいね！」をクリックしたユーザーは「ファン」として扱われる
- Facebookページに投稿した内容は、ファンのニュースフィードに表示される
- ファンがコンテンツに「いいね！」をする、もしくはシェアされ

ると、ファンの友達にも拡散される
・対象ユーザー層を細かく設定できるFacebook広告が使える
・「インサイト」などユーザーのリアクションを解析するツールが使える
・Facebookアカウントを持たないユーザーも閲覧でき、検索エンジンの表示対象にもなる

コンテンツ発信から、潜在顧客層となる浮動ユーザーを開拓するのに、「Facebookページ」は有効な手段である。

●参考 「【Facebook】今後重要な『新エンゲージメント率』とは？注目すべきはファン数からリーチ数・クリック数へ」 http://gaiax-socialmedialab.jp/post-28083/

256 | リーチ数と経路に着目する

●リーチ数は、コンテンツの人気度を測るモノサシ

「Facebookページ」内に投稿したコンテンツごとの反応を判別するのに「リーチ」という基本指標がある。文字どおり、「何人に届いたか？」……つまり、Facebookページから発信されている記事・コンテンツが、どれくらいのユーザーに届いたかを示す指標だ。言い換えれば“コンテンツの人気度”とも言える。そして、このリーチには流入経路によって3種類が存在する。

・オーガニックリーチ：Facebookページのファンが自身のニュースフィードで、該当コンテンツ投稿を閲覧したユニークユーザー数と、ファンでないユーザーも含めてFacebookページに流入し、該当コンテンツ投稿を見たユニークユーザー数。
・有料リーチ：Facebook広告またはスポンサー記事を見たユニーク

ユーザー数。

・口コミリーチ：友達の「いいね！」ならびにシェアの拡散から、流入に至ったユニークユーザー数。

口コミリーチをいかに増やせるかが、SNSにおけるバイラルプロモーション（口コミ戦略）の鍵なので、初期の導入時は有料リーチに頼るにしても、段階的にオーガニックリーチや口コミリーチを中心とするのが、SNSにおけるブランドづくりと言える。

257｜Facebookページへのアクセスを増やす重要要素とは

●ユーザーへの情報表示を選定するアルゴリズム

ユーザーの「ニュースフィード」の表示方法には「最新情報」と「ハイライト」が存在する。「最新情報」では文字どおり”新着順に上から時系列で表示”され、「ハイライト」では“表示内容が個人ごとに最適化”されている。つまり「ハイライト」では、ユーザーにとってマッチしている情報……すなわちユーザー個人ごとに価値があるとFacebookが推奨するコンテンツを優先的に表示しているのだ。

その情報選定の仕組みがアルゴリズムだ。以前は「エッジランク」とも呼ばれていたが、この「エッジランク」という表現は、現在では使われてなくなってきている。本書では、このアルゴリズムを、“Facebookアルゴリズム”と呼ぶこととする。

ユーザーのデフォルト（初期設定）は「ハイライト」であるので、アルゴリズムでの評価が低いと、Facebookページにコンテンツを投稿しても、ファンのニュースフィードに情報が届きづらくなってしまうので注意が必要だ。

258 | Facebookアルゴリズムを構成する3要素 その1

●普段のコミュニケーション度をはかる「親密度」

ユーザー1人1人にマッチした情報を提供する「ハイライト」表示。ハイライトへの掲載コンテンツを選定する仕組みである“Facebookアルゴリズム”は、「Affinity＝親密度」×「Weight＝重み」×「Time＝経過時間」で決定され、それぞれの要素を「掛け算」した値になる。言い換えれば、「Facebookアルゴリズム＝相手との親密度×Facebook内の反響の大きさ×情報の新しさ」と表現することができる。

「相手との親密度」は、相手と自分との関係性の濃さを表している。Facebookは親しい人の情報こそ重要と考えるため、2人がどれだけ親しいかをFacebook内のさまざまなやりとりから判断しているのだ。

・コメント
・いいね！
・タグ付けメッセージ
・プロフィールページの閲覧

評価要素は、全容は解明されていないが、少なくとも上記は重要な判断要素と言われている。さらに、これらのアクションは、自分からだけではなく、相手からアクションを起こしてもらうことが重要である。そして、親密度は一度高まれば、その効果が持続する、というものではない。たえず評価対象になる要素なので、高い親密度を維持する関係性である必要がある。

●参考 「知らないと損するFacebookページのウォール投稿・運用ノウハウ7選！」 http://gaiax-socialmedialab.jp/post-888/

259｜Facebookアルゴリズムを構成する３要素 その2

●リアクションからコンテンツの質を知る「重み」

“Facebookアルゴリズム”２番目の要素である「Weight＝重み」は、コンテンツの質を、ユーザーのリアクションによって測るKPIということができる。

1つ1つの投稿に対して「いいね！」「コメント」などのリアクションがされた回数の総数が「重み」としてスコア化される。リアクションの種類によっても加算されるスコアが変わり、「いいね！」よりも「コメント」のほうがスコアが高いと言われている。リアクションだけではなく、1つ1つの投稿自体にも「重み」があり、「近況」よりも「写真」や「動画」などのほうが、評価としての「重み」が高くなると言われている。「重み」……すなわち、数多くの「いいね！」や「コメント」を獲得できるということは、リアクションするユーザーにとって、「興味があった」「役に立った」「共感できた」という、評価の表れだ。言い換えれば、「コンテンツの質」であり、「コンテンツへの評価」と捉えて、支持される投稿を目指していこう。

260｜Facebookアルゴリズムを構成する３要素 その3

●リアクションからの経過時間が評価の対象となる

ウォール投稿内容に対して、コメント・いいね！・タグ付けなどのアクションがされてからの「経過時間」がスコア化される。「投稿がポストされてからの経過時間」と、「リアクションが付いてからの経過時間」の2つが対象となる。新しいほうがスコアが高くなると言われている。たとえば、1週間前にポストされた投稿はニュースフィードに表示されにくくなるが、もしその投稿に数秒前に「いいね！」がつけば表示されることなる。

経過時間については、投稿側でコントロール、あまり意識する必要はない。ただし、閲覧ユーザーからのリアクションが発生すれば、経過時間が短縮されるので、「リアクションを受けやすい投稿」……つまり“ユーザーウケ”するコンテンツを発信することが大切だ。

261 | SNSとWebサイトを連携させる

●自動連携ツールを使って、更新運用を省力化する

ビジネスにおけるSNSプロモーションは、何がしかのコンバージョン成果につなげることが目的であるため、SNS単体でそのプロモーションが完結するケースより、SNSはあくまでも集客の流入元として、Webサイトにユーザーが遷移してコンバージョンに至るケースが主流だろう。よって、SNSでの投稿には、コンテンツ内にユーザーが取るべき行動喚起や、サイトへの導線は折をみて戦略的に盛り込んでいく必要がある。

その連携は、極力省力化を図るほうが、運用効率が高まることは言うまでもない。InstagramやTwitterのコンテンツ更新がメインのWebサイトに自動的に投稿されるようにするのは基本的な仕様であり、サイト上からFacebookページの「いいね！」でファンも集めておきたい。

またCMSの一種としてポピュラーなWordPressを使えば、ブログとしてWordPress内に投稿したコンテンツを、自動的にSNSの自社アカウントへ連携投稿するシステムがプラグインで組むことも可能だ。更新作業を効率化することで、その分の時間をコンテンツ企画や製作にいかしたい。

262 | 自社メディアの階層構造を意識しておく

●自社メディアの上流・下流を逆流させない

Webサイトや各種SNSをプロモーション連携する場合、必要となるのは「自社メディアの、媒体階層としての上流・下流」を意識して、“正しい流れ”に則って発信することである。たとえば、短文テキストが中心

となるTwitterは、媒体の階層としては下流と言える。ユーザー同士の交流の関係性も、Facebookに比べると希薄であるからだ。よって、もしこの両メディアの自動連携を行う場合、「Facebook→Twitter」と組むのが正しい。メディアとして“上流”であるFacebookに投稿したコンテンツが、省略形で“下流”であるTwitterに連携されるのは正しい流れであるが、その逆はコンテンツの効果や価値が半減するリスクがあるということだ。

スポットで何か効果を狙って“逆流”をするケースは例外として可能性はあるが、「自動連携」の場合のデフォルト設定は、かならず“上流→下流”とすべきである。そのためには、「各自社メディアが、どんな役割を担うのか？」という成果目標をしっかり策定しておきたい。

263｜メールマガジンは、顧客を訪ねて行ける手段

●プッシュ型情報発信で、ユーザーインタレストを誘え

Webサイトでのビジネス展開の場合、ユーザーにWebサイトへアクセス訪問してもらうことが必須になる。だが、訪問を待っているだけでは、ユーザー任せの「プル型」ビジネスになってしまう。もちろん、こちらがアクションを起こさずとも、お客様であるユーザーがこぞってアクセスしてくれるほどのブランド力と人気を持てるのが理想ではあるが、手をこまねいて待っているだけでは、それはビジネスの在り方としてはナンセンスだ。

そこで「お客様のもとへ、こちらから訪ねていく」、いわゆる「プッシュ型」のプロモーションが、「メールマガジン」略して“メルマガ”である。“メルマガ”を発行することにより、ユーザーは、Webサイトに訪れずとも、興味のある情報を知ることができ、結果、メルマガでは足りない情報を「欲しい＆知りたい」と思うようになり、Webサイトを訪れてくれる。“待ちの姿勢”ではなく、能動的にプッシュ型の情報発信を仕

掛ける。その手段に“メルマガ”は欠かせない武器となる。

264｜ザイアンス効果でファン度を高める

●頻度の高いメールマガジン発行で良好な関係性を構築する

「ザイアンス効果」という心理学用語を聞いたことがあるだろうか!?　日本語で「単純接触効果」と呼ばれるもので、ザイアンスはこれを論じた心理学者の名前だ。最初は興味がそれほどなかったモノやコトでも、その情報に何度も触れているうちに、だんだん興味をもち、いつしか好感に変わるという心理状態のことだ。

Web集客でも、この心理は応用したい。ここでもプッシュ型情報発信のメールマガジンが有効。よくユーザー目線で、「あまり頻繁にメールマガジンが送られてくるのは邪魔くさい」と酷評され、解除されるケースもあるが、それはそのメールマガジンがユーザーにとって不要なコンテンツを提供していたからに他ならない。

ユーザーが「必要な情報」「読んでいて面白い＆役に立つ」というウェルカムな気持ちになってくれるコンテンツであれば、高い頻度で送られてくるメールマガジンだって歓迎される存在なのである。頻度の高いメールマガジン発行で、ユーザーとの良好な関係性を構築せよ。

265｜解除されないメールマガジンを目指して

●ボリューム・リズムに配慮して好感度アップ

同じコンテンツをメールマガジンで執筆するにも、書き方一つで読みやすさ＆読みにくさは全く異なってくる。ここは執筆力のセンスが問われるところだ。もともとの文章力にも左右される要素は否めないが、読者ユーザーの立場になって考えれば、「どういう文章構成と配列が読みやすいか!?」は分かるはずだ。

まずは、文章の基本。テーマがしっかりしていること。そのテーマが

「起承転結」の構成になっていること。一貫性があり、ロジカル。つまり論理破たんしていないこと。これがまず構成の基本である。

もちろん、一方的な情報発信ではユーザーには嫌われる。あくまでも「ユーザーのためのメールマガジン」であるから、「ユーザーの役に立つ情報」という配慮が必要だ。そして文章がリズミカルで、スラスラ読める流れを持っていること。一文を長くしすぎないのがポイントだ。句読点をしっかり打ち、表現の使いまわしにも気を配る。

そして何よりも改行の使い分けで、メールマガジンの読みやすさは大きく変わる。数行書いたら数行スペースを空ける、というように段落分けのブロック形式を採り入れると、驚くほど読みやすくなる。自分が読みやすい＆面白いと思うメールマガジンを参考にし、とにかく書く練習をすることだ。

266｜開封されるタイトルとは!?

●思わずクリックしてしまうタイトルをつける

せっかくメールマガジンを執筆して送信しても、読んでもらえないのでは意味がない。だがしかし、多くのメールマガジンは読まれることなく未開封のまま放置されてしまうケースも少なくない。

それはずばりタイトルに魅力がないからだ。定期的に購読しているメールマガジンであっても、タイトルに魅力がなければ「今は忙しいから、後で読むか……」と棚上げになって、そのメールマガジンが到着していることも忘れられて、結局未開封のまま、受信トレイの肥やしになってしまう……そんなシナリオだろうか。

タイトルは、よほど読者の“自分事”に役立つコンテンツであると予感させるか、即問題解決や痛み＆悩み除去のヒントになりそうな連想をさせるか、刺激的でインパクトのある内容が望ましい。反感を買うような衝撃的な内容で、とにかくクリックさせるという手法もよく用いられる。そして、いかにそのタイトルをコンパクトにまとめて、受信トレイ内で目立たせるか!?　言葉選びはもちろん、記述の構文にもよっても反応率はずいぶん変わるものだ。自分がどんなメールマガジンのタイトルに思わず反応するか？　ユーザー目線で参考にすると良い。

267｜顧客候補リストを集める仕掛け

●資産となる顧客候補リストを価値提供により取得する

メールマガジンを送ろうにも、読者候補となるメールアドレスのリストがないことには始まらない。交流会などオフラインで名刺交換を行って地道に集めていくのも大切だが、オンラインのWebサイトからも収集できる仕組みはもっておきたい。

その際、有効な手段は、Webサイト上にユーザーに有効なコンテンツを無償提供する代わりに、メールアドレスを取得するのが王道だ。たとえば、あなたの商品サービスがユーザーにとって何かの役に立つ性格のものであれば、その活用方法を動画やPDFでレクチャーするなど……「いかに顧客候補に価値を提供できるか？」で、反応率は大きく変わることだろう。提供できる価値が大きければ大きいほど成果につながるだろう。もちろん、このメールアドレスを取得するためのコンテンツでもタイトルやコンセプトは魅力的にユーザーに伝わる内容である必要性があるのは言うまでもない。

268｜ステップメールでファン化の自動装置を作る

●メールマガジンをシナリオ化することで親密な関係性を育てる

本章にて「ザイアンス効果でファン度を高める」重要性についてお話しした。接触頻度を高めるためにメールマガジンを計画的な複数回のシナリオを設計し、自動送付ができる仕組みづくりに役立つのが「ステップメール」というツールだ。5回で完結するコンテンツや7回で完結するシナリオを考案し、最終回が配信し終わる頃には、ファンとしての求心力が育っていることが理想。

そのためには、ユーザーが求めている本質を知り、「ユーザーは、なぜこのメールマガジンを読んでいるのか？」というユーザー視線で「何をコンテンツとして提供していけば、ユーザーの興味度を最大限に引きあげられるか？」を見据えることだ。

そして、コンテンツの中では、なにか無料でサンプルを送付するようなサービスを展開したり、無料トライアルや面談など、無料もしくは低価格での試用ができる、いわゆる「フロント商材」があることで、メイン商品、すなわち「バックエンド商材」が販売しやすくなる。

269｜百聞は一見に如かず

●動画マーケティングを積極投入する

インターネット回線のインフラが高速化され、コンシューマー層（消費者）である一般ユーザーにも、今さら言うまでもなく、PCやモバイルで動画閲覧が日常化された。Web運用において、自然検索対策としてコンテンツをテキストで掲載することは必須であるが、商品サービスのカテゴリによっては、「百聞は一見に如かず」という言葉がある通り、テキストよりも動画のほうが、ユーザーに伝わりやすくコンバージョンに向けての購買意欲向上に繋がりやすいと言える。より視覚・聴覚に訴求しやすく、直感的ダイレクトに情報や魅力・付加価値がイメージしやすいからだ。

販売プロモーションを目的とした動画コンテンツの場合、店頭でのモバイル閲覧など「立ち姿勢で見ることが前提」であれば90秒、PCでの「着席閲覧が前提」であれば180秒程度が、意識を集中させて閲覧できるタイムリミットである、という人間工学に基づく説もあり、制作でもセオリー的に言われている。

動画をWebサイト内に掲載する際には、動画系SNSにアップして、SNSのアクティブユーザーがWebサイトに流入する導線も確保したい。あらゆる流入経路は幅広く持ちたいものである。

270｜秀逸なコンテンツマーケティング事例 その1

●ユーザーがリピートする理由とチャンスを作る

カマボコで有名なブランド「鈴廣かまぼこ」のECサイトは、単に商品を販売するだけでなく、多彩なコンテンツでユーザーを楽しませている。調理法やお弁当レシピ、パーティーでの応用調理や、ギフトにまつわる作法など「ユーザーに役立つコンテンツ」を配信することで、ユーザーのファン化やリピート、そしてブランド力向上に繋げている。

本来、ECサイトと言えば、ユーザーは商品を購入するか、購入候補のリサーチなどで訪問することが多いだろう。いわば直接的な目的のためと言える。しかし、コンテンツマーケティングを展開することで、ユーザーは検索ヒットにより到達する可能性だけでなく、コンテンツ目的でWebサイトにリピートする可能性が生まれるのである。たとえば、レシピを調べにサイトを訪れる。その際に、魅力的な新商品の情報が掲載されていたとすれば、興味を持って購入する可能性は十分あるのだ。新商品に限らず、“思い出し買い”もありえるだろう。その時のメインの目的は、「レシピコンテンツの閲覧」であるにもかかわらず、購入コンバージョンの可能性がある、ということだ。

コンテンツマーケティングには、ユーザーがリピートする理由とチャンスを作り、コンバージョンに繋げる力がある。

●参考 「鈴廣かまぼこ」 http://www.kamaboko.com/

271｜秀逸なコンテンツマーケティング事例 その2

●ユーザーを熱烈ファンに育て、Webサイトをメディア化する

「北欧、暮らしの道具店」は、FBでは約10万人のファン、月間ユーザー80万人超がサイト訪問する"メディア"に育った事例だ。ECサイトを"モノを販売する場"から"雑誌のように読んで楽しめる場"にすべくサイト自体のメディア化に成功している。ユーザーが自分の生活にイメージを重ね合わせて、購入意欲を向上させているのだ。

これはつまり、Webサイトのコンテンツに共感し、コンテンツに掲載されている商品を使っている自分たちの暮らしに採り入れて、楽しんでいる姿を想像するという行為において、"自分事"としてイメージするからこそ、購買意欲に繋がるのだ。そして、Webサイトにおいて「商品を売っている」ということを前面に押し出すのではなく、「良質なコンテンツを提供する」ということをコンセプトに、「ユーザー」というより「読者」として、思わず見みたくなるような"読み物コンテンツ"をたくさん提供しているのが人気化の秘訣である。

サイト内のメニューで「お買い物」よりも「読みもの」を優先させているところに、「まず楽しんで頂く」の精神があらわれている。そのサービス精神が、熱烈なファンを生み、ECサイトをメディアに育て、結果として大きな販売成果に結びついているのだ。

●参考 「北欧、暮らしの道具店」 https://hokuohkurashi.com/note/

272｜秀逸なコンテンツマーケティング事例 その3

●教育コンテンツにより、専門家ポジションを確立する

料理教室の「ABC Cooking Studio」は、サイト内でコース紹介はもちろん、多彩なレシピやグルメ情報を提供している。お弁当レシピなどは、忙しい主婦層には喜ばれるコンテンツであり、リピートの理由となる。料理教室や食品販売の事業においてレシピをユーザーに提供するのは王道コンテンツと言える。「ABC Cooking Studio」では、レシピだけでなく、栄養学のコンテンツを配信し「楽しい教室で学ぶ興味と意欲」とい

うコンテンツブランディングを展開するとともに、教育コンテンツを配信することで「専門家としての信頼とポジション」を確立している。

スクール業や先生業では「専門家」として信頼されることが重要であり、専門的なコンテンツをユーザーを教育しつつ継続的な配信を行っていくには、コンテンツマーケティングという手法はとても有効である。

●参考 「ABC Cooking Studio」 https://www.abc-cooking.co.jp/

273｜モバイルファースト時代の高速化対策

●AMP導入によりモバイルアクセスを高速化する

「モバイルファースト」という考え方が定着したように、あらゆる業種・サービスのWebサイトで、ユーザーアクセスのモバイル化が進行していて、これまでの実務経験からも、モバイル率が80〜90％となるサイトが珍しくなくなってきた。

モバイルアクセスは、PCアクセスに比べて、そのアクセス環境やシチュエーションもあって、ユーザーの滞在性はやや性急と言える。よって、モバイル表示におけるWebページのコンテンツ表示は、PC表示に比べてシビアであるべき、と言える。

ここで登場してきた高速化技術が、「Accelerated Mobile Pages」……通称“AMP”と呼ばれるGoogleやTwitterなどが共同で推進するオープンソースだ。表示が4倍も高速化するとも言われ、AMPを導入することで売上が飛躍的に向上したというECサイトの実績ニュースも話題になった。

検索対策でも、サイト表示の所要時間は評価要素であり、「Search Console」の中にも「検索の見え方」にて「Accelerated Mobile Pages」のページが用意されている。今後ますます、注目が高まる技術となろう。

274｜事業を手早く加速させる1つの手法

●M＆Aで構築済みのWebサイトを入手し事業に活用する

Webサイトを自社で設計・構築し運用するという基本的な手法以外にも、「すでに仕上がっているサイトを購入する」という「M&A」によるWebサイト取得も、事業をいち早く加速させる一手である。「M&A」を聞き慣れない方のために念のために解説すると、「Mergers and Acquisitions」の略称で、一般的には企業の合併や買収を意味している。

これはWebサイトにも同様の概念があり、Webサイト売買サービスも存在して、多くのWebサイトが売買取引されている。あなたの事業において、Webサイトが必要になる場合、もし理想に近い形ですでに構築・運用されているサイトが売却に出品されていれば、Webサイトを購入して運用を引き継ぎ、自社の事業に採り入れるのも事業化の近道となるケースもある。

購入する場合には、ランニングコスト、収益性、有効会員数、ページビューなどを確認するだけでなく、デューデリジェンス（資産としての適正評価）や、契約書の締結など、専門家の手を借りながら、リスクをなるべく低減する施策も忘れないようにしたい。

●参考　『完全お任せ！サイト売却専門「サイトマ」』http://saitoma.com/

275｜サイト運用とはPDCAサイクルなり

●設計・運用・アクセス解析・改修での集客向上サイクル

集客運用の締めくくりに、「PDCAサイクル」の重要性は改めて強調しておきたい。「Plan（計画）」「Do（実行）」「Check（効果測定）」「Action（改善）」という4つの工程を、サイクル上に回転実行することで、より成果を高めていくという考え方だ。

このプロセスは、Webサイトでの集客運用プロモーションにも活用できる。先のプロセスをWebサイト運用に落とし込むと「Plan（コンテンツ＆導線設計)」「Do（集客施策)」「Check（アクセス解析)」「Action（再設計＆改修)」となる。この4サイクルを極力短期間で、かつ高速に回していくことで、スピード感のあるWeb集客運用が可能になる。そしてPDCAサイクルの回転は、“同じ高さ”でグルグル回る、“堂々巡り”であってはならない。らせん階段を登るような、少しずつ集客精度とコストまで含めた効率をアップさせていく、3次元でのサイクル運用を心がけたい。

コラム｜ユーザーとの接触頻度を高めるメールマーケティング

■ユーザーとの接触頻度を高めて好感度アップ

心理学に「ザイアンス効果」という概念があります。これは、「人は接触頻度が高くなることによって親近感を覚える」というもの。ブティックなどでショッピングをし、ポイントカードなどを作ると、DMが送られてきて、担当さんが手書きでメッセージを添えてくれることがあります。それが一行程度でなく、しっかりとした「手紙レベル」のもので、何度も送って頂くと、それがお気に入りのブランドなのであれば「これだけ手間を掛けてくれているのだから、たまには顔を出さないと申し訳ないかな……」と思ってしまうことはありますよね!?　これがまさに「ザイアンス効果」です。

また、同じく心理学用語となりますが、「ラポールの構築」という考え方があります。これは一言でまとめると「信頼関係の構築」ということです。ユーザーは、特に利用したことがない店舗では「だまされないように」「売りつけられないように」を意識するのは当然の防衛本能でしょう。それがリアル店舗ではないオンライン店舗、すなわちWebサイトであればなおさらです。

だからこそWebマーケティングにおいて、ユーザーを囲い込むためには、「接触頻度」を高めて、「信頼関係を構築する」必要があるのです。ユーザーに商品サービスに興味を持って頂くことはもちろんですが、「このサイトの業者に任せても大丈夫」という「信頼」を勝ち得てこそ、はじめてCV（コンバージョン）に繋がるのです。

■「フリーミアム戦略」でユーザーリストを構築

「フリーミアム戦略」というビジネスモデルがあります。基本的なサービスや製品サンプルは無料で提供し、さらに高度な機能や特別な機能、本製品については料金を課金する仕組みのビジネスモデルです。「とにかくユーザーに使ってみてもらう」「まずは有用性を知ってもらう」という意図でユーザーに触れてもらう事は、大切な「信頼関係構築」の第一歩と言えます。

Webサイトで「フリーミアム戦略」を導入する場合には、ぜひ無償提供の対価として、ユーザーのデータを取得しておきたいところです。具体的に言えば、メールアドレス。これを取得することが、Webマーケティングにおける「フリーミアム戦略」の肝と言えます。そのユーザーは、あなたの商品サービスやコンテンツに興味を示したからこそ、無償の提供オファーやサンプルを申し込んだのです。つまりメールアドレスさえ取得しておけば、追客プロモーションにも活用できますし、関連商品や新商品が発売になった場合、メールによるアプローチで告知も可能です。

このメールを使ったユーザーへのダイレクトなアプローチ手法を「メールマーケティング」と呼びます。そしてこの「メールマーケティング」では、商品サービスの直接的な告知……すなわち宣伝コマーシャルばかりでは、“単なる売り込み”になってしまいます。いかに、メールを受け取る側のユーザーにとって、「価値ある情報コンテンツ」に仕上げて、“ついで”くらいのレベルで告知を見て頂く。それくらいのバランス感覚が重要になります。よって、「メールマガジン」の形で、主たるコンテンツはユーザーへの情報提供というスタンスを確保しつつ、ヘッドラインや編集後記でスマートに宣伝に繋げている媒体が閲覧率や、低い解除率を保てるようです。

■「見込み顧客教育」で、ユーザーと自社商品サービスのマッチングをはかる

商売において、購入意思の決定権はユーザーにあるのは間違いないのですが、自社の商品サービスに相性が芳しくない……いわば適性が合わないユーザーが成約してしまった場合、ユーザーの自分の意志での成約とは言え、お互いにとって好結果を生まない、残念な結果になる可能性があります。

たとえば、比較的高額なビジネスセミナーなどで、対象がある程度の経営経験やビジネススキルがあるユーザーが対象であるにもかかわらず、起業は志しているが、まだほとんど経験がないユーザーが受講してしまった場合、もちろん例外はあるにせよ、「受講していても全くついていけない……」というリスクが発生します。ユーザーにとっては、「受講しなければよかった」と後悔が生まれるかもしれませんし、もしこのユーザーが運営側に不満をぶつけることがあるとすれば、それは運営側にとっても不幸なことです。

こういうミスマッチが生まれないためにも、需給双方のレベルマッチングは重要であり、そのマッチングを果たす手段として「見込み顧客教育」があります。「リードナーチャリング」とも呼ばれる「見込み顧客教育」では、たとえば先ほどのビジネスセミナーの事例で言えば、Webサイト上で興味を示したユーザーのために「無料オンラインセミナー」などのテーマで、複数回にわたるメールコンテンツや、メールに記載した動画リンクなどで、「どんな主旨の講座で、どんな成果を目指していくか？」を解説していく。閲覧の回数が進んでいくと、半信半疑程度の興味レベルだったユーザーのモチベーションも向上し成約意欲に繋がるかもしれませんし、「自分にはレベルが高すぎるな」と思ったユーザーは申

し込みを控えるかもしれません。つまりサービス提供側にとっても、「自ら購入の意思を固めたユーザーのみが申し込んでくる」「自社の講座のレベル感に合うユーザーが、納得をしてコンバージョンする」という理想の状況を作りやすくなるのです。

ユーザーにとって満足度の高い商品サービスを提供できることが、双方にとっての利益になるわけですから、マッチングは重要な要素と言えます。

■メールマーケティングは「ステップメール」を活用する

企業が対個人ユーザーのコミュニケーションをするにあたって、1対1で向きあえるのが理想ですが、Webサイトでのプロモーションの場合、「1社」対「多数の個人ユーザー」となるケースも多々あるので、なかなかそこまでのコミュニケーションをはかりきれない、というのが正直なところかと思います。

そこで有効なのが「ステップメール」という“自動メール”のツールです。これは、あらかじめ送る内容（メールの文章）を登録しておくと、メールを一斉に自動配信を行うことができるシステムで、しかも“ステップ”の名の通り、段階的にシナリオに沿った内容でメールを送ることができます。

フォームを用意しておいて、そのフォームから送信したユーザーの情報はシステムによりデータベース化されてシナリオ送信用にリストアップされたり、フォームを送信した時点で、自動返信から即シナリオ送信に移行する、というような活用方法もあり、ビジネスへの有用性は無限大です。

商品購入後のアップセールスやクロスセルにも活用できますし、純粋な購入後のアフターケアにも有効でしょう。たとえば、使い方の説明コンテンツを自動で送ったり、楽しみ方のバリエーション紹介を自動で送るなど……あなたの機転次第で、ユーザーをファン化してエンゲージメントを高める仕掛けはいろいろつくれますし、そのコミュニケーションの中で、アップセールスやリピートへのチャンスは生まれてくるものです。

便利な「ステップメール」は、さまざまなツールベンダーからリリースされていますが、当社では（株）レジェンドプロデュース社が提供している「アスメル」を利用し、クライアントにも推奨しています。その理由は、

・管理画面が分かりやすく、設定も操作運用もイージー

・ローコストかつ定額で、送信先数もシナリオ数も無制限

・スパム判定で削除されるリスクが低く到達率が良好

・累計導入14,000社を超える実績とノウハウ蓄積で、サポートが丁寧(ていねい)

といった強みです。

「アスメル」はステップメール運用だけでなく、キャンペーン用のフォーム生成や、そのフォームからメールマガジン送付への自動リスト登録など、応用的な使い方も可能なので、Web集客プロモーションで、ユーザーとのコミュニケーションアップに、ぜひお薦めしたい便利ツールです。本書の原案となった『毎日1分！Web集客に効くツボ』も、この「アスメル」を活用しての配信でした。

●参考　ステップメール「アスメル」 https://www.jidoumail.com/

第4章　Webサイトからシグナルを読み取るアクセス解析

仕事を進める上で、あらゆる業務で「効果検証＆効果測定」というプロセスを経ると思うが、それはWeb集客もしかりである。Webサイトにおける「効果検証＆効果測定」で欠かせないのが「アクセス解析」である。

Webサイトでは「設計」が要であることは、「設計・デザイン・構築」の章で述べたが、その設計は「このWebサイトのユーザーはおそらくこういうユーザーで、サイトに到達したユーザーはこういうことをウォンツとして持っているであろう」という「仮説」に基づいて設計を行い、画像やテキストを含めたクリエイティブでデザイン構築を行っていることを忘れてはならない。

すなわち、もしその「仮説が正解」であるならば、「それでOK」と甘んじることなく、「さらに成果を引き上げる。成果を最大化するには、どんな施策が打てるのか？」を考えるべきであるし、もし「仮説が不正解」であるならば、「最短・最小コストで仮説を軌道修正するには、どうすべきか？」を講じる必要がある。

アクセス解析は、健康管理と一緒。個人が自宅で健康管理をする一番の身近な手法は体重管理であろう。そして、単に体重だけでなく、基礎代謝や体脂肪率、内臓脂肪率までの「体組成」を管理すれば、おおむね“カラダづくり”はコントロールできる。Webサイトでのアクセス解析においても、日々のユーザー到達に目を向けながら、急な増減を注視して、その原因・要素解明に努めたい。そして日々の増減だけに一喜一憂するのではなく、中長期的なトレンドを見る大局観的な、広く、そして深い視野・視点を持っておきたい。

276｜アクセス解析は集客チャンスの宝庫

●アクセス解析で、ビジネスチャンスを掘り起こせ！

ユーザーのアクセス傾向を計測・分析することを「アクセス解析」という。どれくらいのユーザーが訪問し、何ページ閲覧し、滞在時間が分かることはもちろん、どんなキーワードで検索したか？　どこのサイトや媒体を経由したか？　どこのページから閲覧をはじめて、どのページで離脱したか？　……アクセスの全容を知ることができる。

サイト構築時、専門用語ではWeb設計時に、「どんなユーザーの、どんな要望に対して、何を提供していくか？」を仮説で打ち立てていくのであるが、その仮説が正解であったか？　正解ならその成果を最大化するにはどんな施策が打てるか？　もし不正解なら、最短・最低コストでどう軌道修正するか？　施策を検討していく。

そして、自分たちが想定した以外のキーワードや導線でサイトに多くのユーザーが流入している場合、コンテンツの追加で新たなユーザー層や市場を創りだすビジネスチャンスにもなり得る。アクセス解析は、集客チャンスの宝庫なのである。

277｜なぜGoogleアナリティクスなのか？

●Googleアナリティクスは、もはやWeb集客の標準ツール

アクセス解析は、Webサイトの“健康を測るバロメーター”であると常にクライアントにはお伝えするようにしている。ユーザーのアクセスに隠れる真実にアプローチせず、集客できるWebサイト運用はありえないのだ。

こと中小零細企業の多くにおいては、例外的なケースを除いては、アクセス解析のツールは「Googleアナリティクス」、通称“GA”を“標準ツール”と捉えて支障はないと考えている。何せ利用料が無料、設置もツールから取得できる個別タグをWebサイトのファイルに掲載するだけ

で稼働と、手軽であることが第一に挙げられる。

そして、Web管理者ツールである「Google Search Console」や広告媒体「Google Adwords」とも連携が容易で、一元的な管理ができるメリットも大きい。Webサイトを公開する際には、GAも同時に設置する。これはWeb運用における必須作業と捉えたい。

278｜アクセス解析は健康バロメーター

●解析データが示す“健康バロメーター”には素直に従う

アクセス解析は、いわば「Webサイトの健康状態を示すバロメーター」。アクセス状態も良い、サイトの収益性も伴って良い、ということであれば、その“健康”を維持する努力をすべきだし、もしアクセス状態が芳しくない、アクセスはあるが、サイト内の回遊閲覧に繋がっていない、購買や資料請求、お問合せなど最終成約に繋がっていない、など“健康状態”が芳しくないのであれば、改善施策を講じる必要がある。大切なのは、バロメーターに素直に従って、行動をとること。

・まずは原因を考える。
・そして改善方法のシナリオを考える。
・その費用対効果と、スケジュールも具体的に視野に入れる。
・さらに実践し、その効果検証も再度行う。
・この繰り返しで精度を上げて行くことがWeb集客の運用である。
・大切なのは、データをとったら必ず行動に繋げること。

芳しくない状況を知りながら、改善行動をとらないなら、アクセス解析を行う意味がないし、そもそもWebサイトでビジネスを行う意義自体が疑わしくなる。

279｜スマホ率は驚くほど上昇している

●自社とスマホユーザーの相性を知るべし

年々、スマートフォンの普及率は上昇している。当社でアクセス解析を行っているクライアントのWebサイトをチェックしていても、平均的なモバイルアクセス率は驚くほど上昇している。特に昨今では、Googleがスマホ対応を行うWebサイトを優遇する、通称“スマホフレンドリー・ルール”を適用していることから、スマホ対応を急いだWebサイトも少なくない。

自社のビジネス、そしてコンテンツのコアターゲットは、「スマホでアクセスしてくる可能性がどれくらいあるのか？」「スマホでのアクセスが多いのであればスマホに最適なUI（ユーザー・インターフェース＝画面上のデザイン設計）となっているか？」「ユーザビリティは問題ないか？そしてコンテンツがスマホに適した内容か？」を再検証する必要がある。

280｜滞在時間が短い方が良いサイトもある

●滞在時間は長くあるべき、とは限らない

Webサイトの滞在時間は長ければ良い、とは必ずしも限らない。通販サイトでは、滞在時間の長い・短いにかかわらず、とにかく「購入して頂く」ことが目的なので、購買成約率が高ければ滞在時間は問わない。

滞在時間が短いどころか、アクセスが少ないほうが傾向としては望ましいサイトもある。それは、たとえば電化製品のユーザー・サポートサイトなど。こういった主旨のサイトにユーザーが訪れるということは、機器そのものの使い方が分かりづらい、そして付属のマニュアルでも理解できずに、Webサイトへ解決に訪れたということ。そのアクセス数は少ないほうが「製品が分かりやすい」という裏付けだし、サポートサイトでも滞在時間が短いほうが、早期解決になった可能性が高い。

このように、Webサイトの目的により、指標の捉え方が逆転する可能

性があることは覚えておきたい。

281｜サポート力は信頼の源

●疑問を払しょくして購買意欲とCSを育てよう

アクセス解析の滞在指標で、低い数値が望ましいページ、それはサポートページやサポートサイトでのユーザーの滞在性である。サポートページでユーザーの滞在性が低いということは、ユーザーの疑問や不明が早期に解消された可能性と見ることができるからだ。
「Q&A」や「よくある質問」は、ユーザーから問い合わせがあることを積極的に開示して、同じ疑問を持つユーザーがわざわざ問い合わせのメールや電話を実施する手間を省くことでユーザビリティを確保したい。それは、サイト運営側にとっても、同じ質問に何度も対応する手間が省けるというコストセーブにも繋がる。メールや電話のサポートデスクについても、手厚く配備し対応することで、ユーザーの評価に大きく貢献するだろう。特に操作に慣れが必要なソフトやツール系などは、設定に関してユーザーの疑問や操作不明など、サポートを求められるケースが多々発生するものだ。

しばしば、電話での対応を極力減らすためか、階層の奥まで探さないと電話番号の記載が見当たらないサイトを見かけるが、ユーザーの信頼を遠ざける施策と言わざるをえない。もし、ユーザーがコンバージョン前の疑問を解消できないとすれば、それは購買意欲の疎外となりかねない。ユーザーへのサポートは購買意欲やCS（カスタマー・サティスファクション＝顧客満足度）向上の大切な要素である。

282｜直帰率はユーザー反応のバロメーター

●高直帰率は、ユーザー興味の拒否反応

ユーザーのアクセス傾向を見る中で、重要となる指標はいくつもある

が、中でも「直帰率」は重要な判断指標となる。「直帰」とは、ユーザーがWebサイトに到達したページから、他のページを閲覧することなくダイレクトに離脱することを表す。

キャンペーンページや告知ページなど、1枚物のWebページという一部例外を除いては、歓迎せざるユーザー行動の兆候だ。ユーザーがなぜ直帰するか？　その理由はさまざま存在するが、大きな理由は明確。それは「Webサイトに自分が必要とする情報はない」と判断されたことが挙げられる。ユーザーに直帰されないためには？　ユーザーが誰かを知り、そのユーザーが求めていることは何か？　その本質を見極め、先回りするようにコンテンツを用意することだ。

283｜滞在時間は興味度・本気度の表れ

●ユーザーモチベーションを測る指標

Webサイトをどれくらい本気の興味度で見ているか？　それは最終的なコンバージョン（購入や申し込みなどの成果）に向かうための大切なモチベーションだ。そのモチベーションを測る指標の一つが、Webサイト内での滞在時間である。

もし興味が薄れれば、ユーザーはWebサイトから離脱してしまうだろう。逆に滞在時間が長いということは、興味をもってユーザーが自分の「コンバージョンへ向けての期待」を高めている証なのだ。最初はそれほど高くなかったコンバージョンへのモチベーションも、情報に触れているうちに高まってくることも少なくない。「見ているうちに欲しくなった」という購買心理だ。

Webサイトは、ユーザーのモチベーションアップを、能動的に育てていく必要がある。そのためには、ユーザーの目線に立って「どのように表現すれば、ワクワクするほどの期待感を持てるか？」「どのように書けば、詳細まで知ってもらうことができるか？」という、質の良いコンテンツを用意することが必要だ。滞在時間の長さは、ユーザーにも検索順位を決めるロボット（検索クローラー）にも好印象を与える、大切な指標である。

284｜反応率を高めるABテスト

●ユーザーの反応精度をより高める

「ファーストビュー」の設計は、リリース時は仮説にすぎない。「仮説が正解であったかどうか？」を確かめてみる必要がある。

　その代表的な施策が「ABテスト」という考え方だ。商品やサービスを販売する、もしくは誘導するランディングページのファーストビューを、イメージ画像やキャッチコピーの“クリエイティブ”を作り分けて、ユーザーの反応率をチェックするのだ。直帰率、滞在時間、そして最終的なコンバージョン成果を見ることで、ABどちらのファーストビューを用いたWebサイトがより高効率かを確かめる。

　ランディングページ全体を作り変える総合的なABテストでなくとも、ファーストビューを変えるだけで、ユーザーの反応は変わるものだ。もちろん、そのランディングページに当て込むWeb広告を変えてみるのも一手だし、同じ広告文でどれくらい親和性が高まるかをチェックするのも良い。その繰り返しにより、より反応精度の良い組み合わせを見つけていくのがWebサイト運用だ。

285｜Webサイトの健康管理

●アクセス解析は定期チェックが基本

　体型管理をするには、体重計を頻繁に使用し、厳密にいうならキチンと推移を記録できるアプリの使用が望ましい。そして、さらに言うなら朝測るか、夜測るか、観測点を決めるのがベター。違う時間の計測では、条件が異なりすぎて比較にならないからだ。できれば、空腹時の朝、なるべく定時で測るのがさらに管理の精度をあげるコツだろう。

Webサイトのアクセス解析でも同じこと。集客のためのWebサイトを運用するにあたり「アクセス解析をしない」というのは、まず論外。しかし意外とWebコンサルのついていない企業では「アクセス数？　見たことがない」という方も少なからずお会いしてきたので、もしアクセス解析を採り入れていないWebサイトは、ぜひ今日から導入を推奨したい。

さらに、そのアクセス解析は、極力ルール化した定点管理をしていきたいもの。たとえば、週初ないし週末前に必ずチェックする、月末時点での月間アクセスをチェックし、気づきや増減要因をレポート化していくなど……。積み重ねていけば、かならず見えてくる傾向や、集客アップのために改修すべきヒントが現れるはずだ。

286｜何処で離脱しているか？を知る

●離脱ポイントを見つけて原因を探れ

Webサイトからユーザーが立ち去ってしまうことを、「離脱」と呼ぶ。この離脱がどこで行われているか？　その傾向を知ることは、Webサイトを改善するうえで、重要なチェックポイントとなる。よく離脱となるページを見つけて、その原因を探っていくのだ。

特に、商品サービスの解説ページや、まだコンバージョン（成約）となる以前のコンテンツの中途なのであれば、導線を疑ってみる必要がある。たとえば、申し込みや購入ページへ遷移するバナーの場所が分かりづらかったり、コンテンツが“袋小路”になってしまっていて、次のコンテンツへの行き方が不明瞭だったり……。少しでも離脱率を下げるには、「Webサイト内の分かりやすさ」すなわちユーザビリティーが最優先なのは言うまでもない。カートやフォームで離脱する、いわゆる“カート落ち（フォーム落ち）”は、由々しき事態の代表格。

もしその兆候がアクセス解析で判明するなら、即刻の「EFO（エントリー・フォーム・オプティマイゼーション＝フォーム最適化)」が必要である。

287｜到達アクセスの傾向を知る

●アクセス解析でユーザー行動の傾向をつかめ

よく「アクセス解析を行っているか？」と企業のWeb担当者や経営者にヒアリングすると「月々のアクセス数くらいはチェックしている」という返答が返ってくる。もちろん全くアクセス数をチェックしていないよりは感心できるが、月間のアクセス数をチェックするだけでは事足りないと言わざるをえない。

PCやモバイルの比率はどうなのか？　それぞれの滞在性やユーザーの質はどうなのか？　アクセスが急増や急減している日はないか？　あるとすればその原因は何が考えられるか？　曜日の偏りはどうか？　また時間帯はどうか？　流入経路はどうか？　SEOやWeb広告の戦略はユーザーのアクセスと合致しているのか？　サイトに到達しているユーザーの検索キーワードは何なのか？　枚挙にいとまがないほど、チェックすべき項目は存在する。

大切なのは、ユーザー行動の傾向をつかみ、それに対してWebサイト側が120％応えるような努力と行動を取れているか？　何かさらに成果につながるような対策や施策は取れないか？　常に考えて、改善をWebサイトに反映していくことである。まず知ること……そして改善につなげること。これが成果に繋がるPDCAサイクル運用である。

288｜キーワードチェックで埋もれたチャンスを掘り起こす

●想定外のキーワード到達は成果の宝庫

Webサイトを設計する際には「どんなキーワードで検索されて到達し

てもらうか？」を想定して組むことは非常に重要な集客施策要素である。その“仮説”に基づいて、SEO対策やWeb広告出稿の設計も連動し、施策を打っていくのがWeb集客の王道。

プロモーションの効果測定としてアクセス解析を行うことはまず必須で、「どんなキーワードで検索流入しているか？」を知ることは、まず挙げられる重要事項である。そのキーワード流入の上位に、設計時に仮説で想定したキーワードやSEO対策やリスティングで予算を掛けているキーワードが含まれているのが望ましいが、時に思わぬ有効なキーワードでの流入が、少なくない件数で、しかも定期的にアクセスがあるようであれば、これは“埋もれていたチャンス”と捉えるべきだ。

もし想定していなかったキーワード流入でのユーザーが、滞在性の質が低いのであればコンテンツ強化やLP（ランディングページ）の見直しにより、「ユーザーが満足するコンテンツ」を目指すべきであり、滞在性やCV（コンバージョン＝成約）が十分なのであれば、流入ユーザー数自体を増やすべく追加のSEO対策や広告施策を検討すべきだ。想定外のキーワード到達は成果の宝庫である。

289｜導線の正誤を知る

●ユーザーの行動経路はあなたが作れ

ユーザーがWebサイト内を回遊し、ページを遷移していく経路を「導線」と呼ぶ。そして、メインの商品までの代表的な経路を「主要導線」と呼ぶ。この主要導線は、ユーザーが“気ままに閲覧行動してくれている”という受動姿勢ではなく、能動的に「どのページに、どんなキーワードや経路で流入して、次にこのページを閲覧し、最終的にCV（コンバージョン＝成約）する」というシナリオを組んでいくのだ。

万一想定していた主要導線をユーザーがたどっていないことが顕著なのであれば、ユーザーが主要導線をたどりやすくなる改善施策を講じる必要がある。たとえば、ページ遷移を「行動」として行うようにコンテンツ内のメッセージを分かりやすく記載する、バナー化して目立たせる、ボタンに動きを付けて誘目性を高める、コンテンツを集約する……など。どのように改善にすれば、ユーザーの回遊性が高まり、CVも連動して成果となるか？　最大限に考え、施策を打つ必要がある。

290｜解像度解析で自社の最適UIを考える

●ユーザー環境にWebサイトも合わせる

アクセス解析では、ツールにもよると思うが、少なくとも市場シェアの高い「Googleアナリティクス（GA）」では、ユーザーのアクセス環境を知ることができ、中でも解像度解析によるUI（ユーザーインターフェイス）整合性のチェックは重要な要素である。つまり、「ユーザーがどんなサイズのディスプレイ環境でWebサイトを閲覧しているか？」その傾向をつかむことができるのだ。

近年のディスプレイは高解像度化が進み、それに伴い、主流のWebサイトの横幅（width）も“流行”として大型化しつつある。横幅に限らず、流行の変遷が速いWeb業界においては、技術・UIそしてUX（ユーザーエクスペリエンス＝ユーザーがどんな体験をWeb内で得られるか）共に、柔軟に対応していく必要がある。横幅については、Webサイトリニューアルが見直しのチャンス。解像度解析により、ユーザー環境の傾向をつかみ、Webサイト設計に反映していくのだ。

291｜アクセス解析にも種類がある

●マクロ解析とミクロ解析の違いを知る

Web解析には大別すると、2つの手法がある。それが「マクロ解析」と「ミクロ解析」という考え方だ。マクロ解析は、その名の通り、マクロな視点……すなわち全体を俯瞰するようにアクセスの全体像をつかむ、という概念だ。「Googleアナリティクス（GA）」の考え方はマクロ解析に基づくものである。一方、ミクロ解析は、ミクロな視点として、虫眼鏡で詳細を覗くような考え方だ。ツールで言うと、ユーザーのページ毎の滞在時間やページ経路を解析できる「シビラ」や、ユーザーのページ内での閲覧状況を温度の“サーモグラフィー”のように解析できるヒートマップツール「USERDIVE」などが挙げられる。

まずはマクロ解析で、ユーザー傾向の大枠を俯瞰しておき、次いでミクロ解析で、ユーザー1人1人の行動をピンポイントで解析することで、ユーザー行動の傾向を深堀していく。この2段階解析を行うことで、Webサイトが改善を行うべき本質に近づくことができるのだ。

292｜クリック率で仮説の答え合わせ

●クリック率を知ることはミクロ解析の第一歩

「Googleアナリティクス」（GA）はマクロ解析の代表格的ツールであることは前述したが、機能によっては“ミクロ的”に使用することもできる。それが「ページ内クリック分析」だ。

「ページ内クリック分析」を使うことで、どのボタンやバナーが何パーセントクリックされているかを知ることができる。これによって、Web設計時に仮説として立てた導線が機能しているか？　またユーザーに閲覧してもらいたい主要コンテンツは閲覧されているか？　ページ遷移が必要な場合、遷移経路となるボタンの誘目性は機能しているか？　……などをチェックすることができる。立てた仮説は正解だったか？　この考え方は、PDCAサイクル運用を行う上で重要である。

293｜ブログ記事は文字量も大切

●サイト内ブログの本文はテキスト600字は欲しい

「WP（WordPress）」で「コンテンツマーケティング」としてサイト内

ブログを更新する場合、「更新すれば良い」というものではないので注意が必要だ。文字量が極端に少ないテキスト更新ばかりでは、かえって評価を下げることがあるとさえ言われている。

テキスト量の目安としては、最低600字程度、できれば1,000字は欲しいところだ。そしてその記事には、検索ランキング上位に表示させたいキーワードを意識的に盛り込んでいくことが必要だ。ただし“意識的に”と言っても、過度に盛り込むことは、かえってスパム判定のリスクとなる。読んでいて自然に出現する程度が理想だ。

最新のSEOでは「コンテンツの質」が問われる時代となっている。その記事が、「訪問したユーザーの役に立つか⁉」という観点で、専門性の高いコンテンツであることが重要である。

294｜オフラインCVの傾向をデータ集積する

●電話＆FAX問い合わせはリスト化してデータ資産にする

Webサイトでのコンバージョン（成約）は、なにもフォームやメールだけとは限らない。Webサイトを閲覧して電話やFAXで問合せしてくるリアクションも立派なコンバージョンだ。

店舗運営の場合、Webサイトを見て直接来店に繋がるというケースも多々あるだろう。そして「Webサイトを見て……」と伝えてくれるユーザーはありがたいお客様だ。そんなありがたいお客様には、その後の取引や注文を円滑に進めるコミュニケーション手段として、「なぜ、どうやって弊社のサイトにたどり着いたのか？」や「どんなキーワードで検索したのか？」をヒアリングしてみよう。きっとその後のWeb集客運用に活かせるヒントが沢山あるはずだ。特に、回答やリアクションを急いでいるユーザーや、メールなどのテキストでは説明しづらいこと、聞きづらいことを求めている“いますぐ客”は、電話やFAXで問い合わせてくる傾向が強い。

これらの重要なWeb運用のヒントは、社内でも共有しやすいように、リストにまとめておくことだ。用件はもちろん、入電の日付や時刻、サイトへの経由、検索キーワード、性別や年齢などユーザーのパーソナリティーなど、ユーザーがくどく感じない程度に聞き出せたことをリスト化しておく。その傾向から見出せることを、追加掲載のコンテンツや、改修に活かしていくと、Web集客は進歩していくことになる。オフラインCV（コンバージョン）はデータ資産の宝の山である。

295｜高すぎるリピート率はリスクとも言える

●新規ユーザー開拓の集客導線は怠らない

Webサイトにおいてユーザーがリピートしてくれるのはありがたいことであるし、いかにコンテンツ運用によってリピート性を高めていくかがポイントであることは先に述べたとおりだ。しかし、全ユーザーの新規率・リピート率のバランスを測るバロメーターである「新規セッション率」をアクセス解析で見て、あまりにも新規セッション率が低い……つまりリピート率が高すぎる状況である場合には注意が必要だ。

手に入りづらい消耗品のeコマースなど、長期間に渡ってユーザーがリピートしてくれる商材であれば話は別であるが、それにしてもユーザーが何がしかのきっかけで訪問しなくなる可能性がある。またユーザーがWebサイトで扱う商品サービスを購入・利用し尽くしたなど、正しい形でユーザーライフとしての寿命を全うするケースもあるだろう。「LTV（ライフタイムバリュー）」が完了したということである。

その場合、新規ユーザーが潤沢にWebサイトに流入する集客導線がなければ、いつしかユーザーが枯渇してしまうことを意味している。新旧のユーザーが共にアクセスしてくるバランスをキープし、絶えずユーザーとの関係性を良好に保つ努力が必要である。

296｜アクセス解析を知るための基本用語 その1

●基本のアクセス数を知るセッション数

Webサイトのアクセス数と言うと、このセッション数を指すことが多い。当日以降のリピートまで含めてカウントされるのがこのセッション数で、アクセス増減のバロメーターとして活用される基本指標だ。言い替えれば、ユーザーの延べ訪問回数のことで、セッション数とユーザー数は異なる指標ということになる。同じユーザーが何度もリピート訪問をするケースがあるからだ。たとえば月間あたりの指標を比べるとして、ユーザー数は変わらず、セッション数が増えた場合は、同じユーザーが何度もWebサイトを訪問していると判断することができる。

このセッション数を増やすには、①Web広告を出稿する、②検索ランキングを上位化する、③SNSからの流入を増やす、など、とにかく「コンテンツとしての露出」を増やす施策が必要である。

297｜アクセス解析を知るための基本用語 その2

●コンテンツの人気度のバロメーター「ページビュー数」

「Webサイト全体で何ページ見られているか？」を表す指標が「ページビュー数」だ。膨大なページ数で構成されているWebサイトにもかかわらず、1セッションあたりのページビュー数（ページ/セッション）が少ない場合、導線設計に問題があるか、トップページやランディングページにコンテンツの魅力がなく直帰・離脱するユーザーが多い、という可能性を疑ってみる必要がある。

ページビュー数を増やすには、とにかく更新運用を増やして、コンテンツの数を増やすこと。そして、1つのコンテンツから、関連のコンテンツへユーザーが遷移する「サイト内回遊」を促すべく、サイト内リンクを掲載することだ。ユーザーが、関心を持っているにもかかわらず、そのページを見ていないとすれば、「コンテンツの存在に気づいていない」

というケースが有力な理由として挙げられる。サイト内回遊を促すことで、ページビュー数を増加させると共に、関連コンテンツを熟読するうちに、購買意欲のモチベーションを高める作用がある。

情報に触れる時間が長いほど、ユーザーとの関係性は密接になり、コンバージョンに結びつきやすくなるものだ。

298｜アクセス解析を知るための基本用語 その3

●滞在時間を計る「平均セッション時間」

セッションとは、1人のユーザーがWebサイトに到達してから離脱するまでの一連の閲覧行動であり、「平均セッション時間」はユーザーによる訪問から離脱までの平均時間を表している。つまり平均滞在時間のことだ。

ページビュー数と同じく、もしこの平均セッション時間が短い場合、コンテンツボリューム不足やコンテンツの質を疑ってみる必要がある。また極端にこの数値が急低下してる場合、大量のスパムアクセスが発生しているというケースも見受けられる。

近年は、ユーザーのWebサイト内での滞在性も、検索ランキングの評価の対象となっている。したがって、平均セッション時間が長くなる、良質なコンテンツを提供することで、検索ランキングの評価を行うクローラー（巡回ロボット）のWebサイトへの評価が高くなり、ユーザー検索での上位表示に有利となるのだ。

299｜アクセス解析を知るための基本用語 その4

●「ユーザー数」の定義

アクセス解析でポピュラーなツール「Googleアナリティクス」では、「ユーザー数」は計測期間内において重複していないアクセス人数のデータを表している。つまり「ユーザー数」がいわゆる「ユニークユーザー数」ということになる。そしてWebサイトに複数回訪れるユーザーが「リピーター」である。リピーターを育てるのも、Web運用の大切なプロモーションだ。

よって、新規ユーザーばかりのWebサイトは、リピーター獲得のプロモーションやコンテンツが不足という裏返しとなる。新規ユーザーとリピーターは、バランスよく確保できているのが健全なWebマーケティングと言えるだろう。

300｜アクセス解析を知るための基本用語 その5

●リピーターと新規ユーザーのバランス「新規セッション率」

「新規セッション率」は、新規ユーザーの訪問率を表している。この数値が高い……たとえば新規訪問率が90％であった場合、10％のユーザーしかリピートしていないことの裏返しとなる。「新規訪問率が高い」というと、新規ユーザーが続々と流入しているようで一見良い傾向に聞こえるが、リピーターが少ないのは改善すべき事態と言える。

では逆に、リピーターが多ければ良いのかと言うと、そのリピーターのLTV（ライフタイムバリュー＝サイト内でのユーザーの生涯消費）を使い切り、それ以上のリピートがない場合、新規ユーザーの流入がないと顧客が途絶えてしまうことになる。

あくまでも「バランスよく」が重要で、経験則では50％±10％程度の比率でユーザーを確保できるのが好ましいと言える。

301｜アクセス解析を知るための基本用語 その6

●LPのファーストビューが要となる「直帰率」

到達したページで、他のページに遷移せず離脱することを「直帰」と呼ぶ。直帰率が高いのは、コンテンツに魅力がないか、ユーザーに「必要な情報がこのWebサイトにない」と判断されたか、ユーザビリティが低いかのいずれかの兆候である。直帰率が高い場合は、あらゆる理由を検証して改修していく必要がある。

ただし、プロモーションサイトなどの事例で、“ペライチ”のLP（ランディングページ）とCV（コンバージョン）フォームしかない場合などは、どうしても直帰率は高くなる傾向にある。よって、直帰率は数値として低いに越したことはないが、絶対値にとらわれるのではなく、相対判断で分析するようにしたい。

また、直帰率が高い場合の改善策としては、まず訪問したユーザーが求めている情報やコンテンツがサイトに存在するか、という“検索マッチング”を判断する「ファーストビュー」の構成を見直してみるのが第一。そして、到達したランディングページから各コンテンツへのナビゲーションや導線が適切であるかを再検証していく必要がある。

302｜アクセス解析を知るための基本用語 その7

●アクセスガジェットの比率「モバイル率」

「モバイル率」は「パソコン・スマホ・タブレットのいずれで見られているか？」の比率だ。スマホとタブレットをあわせて「モバイルユーザー」となるので、「パソコン対モバイル」でモバイルが優勢な場合、“モバイル・ファースト”のUIで構成を検討していく必要がある。

また、「Googleアドワーズ広告」と「Googleアナリティクス」を連携している場合、コンバージョン率までチェックすることができる。パソコンに比べてモバイルでのコンバージョン率が低い場合、ユーザビリティーを疑ってみる必要がある。

パソコンに比べてモバイルの直帰率が高い場合も同様だ。流行の変化やユーザー層の変容によっても、モバイル率は大きく変わる可能性があるので、動向は常に留意しておきたい。モバイルとの相性がよいコンテンツ、たとえば趣味性の高いコンテンツや情報コンテンツなどは、「いかにモバイル率を上げて行けるか？」が、人気度のバロメーターとも言える。

303｜アクセス解析を知るための基本用語 その8

●Webサイトへの流入経路「参照元/メディア」「参照サイト」

「どの媒体を経由してサイトにたどり着いたか？」をアクセス元の具体的な名称で示しているのが「参照元/メディア」だ。そしてアクセス個々の経由サイトURLで示しているのが「参照サイト」である。「どの媒体を経由して到達したユーザーがモチベーションが高いか？」を、各参照元の平均セッション時間や直帰率、ページ/セッションの軸を複合的に絡めて判断することができる。

また、たとえばSNSなどオウンドメディアにコンテンツを高頻度で発信しているにもかかわらず、そのサイト経由から本体サイトに流入がないのは、リンク不足やリンク・バナーが分かりづらいなどの問題を疑ってみる必要がある。

304｜アクセス解析を知るための基本用語 その9

●参照元の“ブラックボックス”「ノーリファラー」

参照元ページ（referer＝リファラー）の情報がないアクセスを総称して「ノーリファラー」と呼ぶ。このノーリファラーは、いわば参照元の“ブラックボックス”的な存在であるが、ノーリファラーと判定される要素は下記が挙げられる。

・ブックマーク経由
・メールテキストやメールマガジン経由
・スマートフォンアプリからのアクセス
・URLを直接アドレスバーに入力

・PDF、Word、Excelなどのドキュメント内にあるリンクからアクセス
・httpsサイトからhttpサイトへのアクセス　など

これらノーリファラーは、一括りにしてしまうのではなく、たとえばキャンペーンなどで、「どのメールマガジンが有効であったか？」などの効果検証を行う場合には、URLにパラメーター（測定用変数）を付加することで、アクセス解析の際にフィルタリングして検証することができる。

Googleアナリティクスには、パラメーター付きのURLを生成するサポートツールも存在するので、自身で生成できない場合は活用しよう。

305｜アクセス解析を知るための基本用語 その10

●サイト内回遊を知る導線の第一歩「ランディングページ」

アクセス解析における「ランディングページ」とは、「ユーザーがどのページから閲覧しているか、到達しているか？」を表す指標だ。ランディングページは導線スタートの第一歩である。設計で意図したユーザー流入……すなわちランディングが実現しているかをチェックする必要がある。

また「WordPress」などでサイト内ブログを設置している場合、ある1つの記事がランディングページとして機能していることがある。その場合、検索しているユーザーが多い……つまり市場性があるという現れなので、「なぜ該当ページ記事が人気化しているのか？」そして「なぜランディングページとして機能しているのか？」を検証し、個別の専用ページを新設するなど、次なる成果に繋げていきたい。

そのための検証法として、ランディングページ毎の検索クエリや参照元、ランディング後の滞在性やサイト内回遊ルート、コンバージョン率

など、「どこからサイトへ入ったか？」だけでなく「ランディング後にユーザーがどう行動するか？」という解析にまで深堀していきたい。

306｜アクセス解析を知るための基本用語 その11

●成約漏れを改善すべき重要指標「離脱ページ」

「離脱ページ」は、「どのページでユーザーが閲覧中止しているか？」を表している。フォームのサンクスページで離脱するなど、意図したセクションで離脱しているのは問題ないが、意図していないページでの離脱は、改修を検証する必要がある。特にフォームページで離脱している場合は、通称「フォーム落ち」「フォーム離脱」と呼ばれる傾向で、せっかく成約寸前までモチベーションが高まっているのに、コンバージョンを中断してしまうという由々しき事態、まさに“獲りこぼし”である。

この事態を回避するべく施策するのが「EFO（エントリー・フォーム・オプティマイゼーション）」、すなわち「成約フォーム最適化」だ。

307｜アクセス解析を知るための基本用語 その12

●ユーザーの遷移経路を知る「行動フロー」

ユーザーがランディングページから流入して、「どのページで離脱しているか？」という遷移行動の流れを、ビジュアルで示しているのがこの「行動フロー」だ。設計時に仮説立てた、「コンテンツ導線の流れが、ユーザーの実際の行動にマッチして機能しているか？」その概要を知ることができる。もし本来遷移してもらうべき主導線が途切れているのであれば、その理由を検証して改修する必要がある。

また、「Googleアナリティクス」通称“GA”は、近年ずいぶん個々のユーザー行動を解析できるようになってはきているが、経路解析など、ユーザー個々の行動詳細をチェックするには、「シビラ」などのミクロ解析ツールの使用が望ましい。

●参考　「シビラ」 http://www.sibulla.com/

308｜アクセス解析を知るための基本用語 その13

●ユーザーの検索クエリを知る「オーガニック検索トラフィック」

「オーガニック検索トラフィック」とは、いわゆる「自然検索キーワード」であり、「どんな検索でユーザーがたどり着いたか？」を表している。コンテンツ設計時に仮説を立てた主要キーワードで、しっかりユーザーがたどり着いているかを重点的にチェックすることが大切だ。また、想定していなかったキーワードで到達しているユーザーが多いなどは"お宝発見"的な良い兆候と言える。もし、そのキーワードのコンテンツが現状少ない場合などは、コンテンツを充実させることで、新たなコアユーザー層を囲い込んでいくことも可能だ。ユーザーのウォンツが見えやすいチェック事項なので、特に重視したい項目と言える。

ただし、昨今では検索順位の評価指標にhttpsが加わり、これにあわせてGoogleが提供するサービスの多くにSSLが導入され、オーガニック検索トラフィックの大半が「not provided」として表示されるようになってしまった。ユーザーの検索クエリの詳細を知るには「Search Console」の「検索アナリティクス」を併用する必要がある。

●参考　「Search Console」https://www.google.com/webmasters/tools/home?hl=ja

309｜アクセス解析を知るための基本用語 その14

●性別・年齢層ごとの傾向を知る「ユーザーの分布」

ユーザーの性別や年齢層ごとの傾向を知るのに活用できるのが、「ユーザーの分布」だ。Googleアナリティクスでは「ユーザー属性とインタレストカテゴリのレポートを有効にする」ことで、年齢や性別ごと、そしてユーザーが関心を持つカテゴリや、購買意欲の強いカテゴリごとに分析し、効果検証や集客施策に活用することができる。

このユーザー属性の判定には、Googleがブラウザ上で平素どんなコンテンツを該当ユーザーが好んで閲覧しているかを参考に、性別や年代を判別していると言われている。100％の精度を示すわけではないが、「傾向」として参考にするには十分なデータと言える。「ユーザーの分布」データを活用することで、性別・年齢層事の滞在性の違いや、コンバージョン率やコンバージョンに向けたモチベーションの傾向をつかむことができ、広告プロモーションの精査や、年齢層ごとの追加施策やコンテンツ改修に役立てることができる。詳細を知るためには、「セカンダリディメンション」を活用することで、「性別×年齢層別」や「年齢層別×地域別」「性別×デバイスカテゴリ」などのマトリックスで解析することが可能になる。

「ユーザーの分布」はデフォルトのままでは使用できないので、先に「ユーザー属性とインタレストカテゴリのレポート」を「有効化」する必要がある。

310｜アクセス解析を知るための基本用語 その15

●ユーザーの興味から関連要素を探るインタレストカテゴリ

訪問したユーザーが、「自サイト以外にどんな興味を持っているのか？」を示すのが「インタレストカテゴリ」だ。

・アフィニティカテゴリ（「どんなジャンルに興味を持っているか？」を示す）
・購買意向の強いセグメント（指定されたカテゴリの商品やサービスを購入する可能性が高いユーザーのセグメント）
・他のカテゴリ

および、それら3種の各上位10種を概要化している「サマリー」から構成される。

httpsアクセスの普及により、「オーガニック検索トラフィック」が事実上、機能しづらくなっている昨今では、Google Search Consoleの「検索アナリティクス」も併用しつつ、インタレストカテゴリも活用することで、ユーザーの思わぬ関連要素やインサイトにたどり着くことも期待できる。

また、ユーザーの興味／関心に基づいたターゲティングとして、Googleディスプレイネットワークキャンペーンや TrueView 動画キャンペーンの広告グループにオーディエンスターゲティング（ユーザーリスト）を追加すると、広告主様が提供する商品に似たものに興味があるユーザーに広告を表示できる。

●参考　「ユーザーの興味/関心に基づいたターゲティングについて」https://support.google.com/adwords/answer/2497941?hl=ja

311 | GAトラッキングコードの設置

●まずはGA解析用のトラッキングコードを設置する

本書では、無料で活用できるアクセス解析ツール「Googleアナリティクス」（以後GA）を“標準ツール”と定めて解説を進行しているが、基礎的な用語解説を網羅したところで、アクセス解析の基本的な流れとステップを解説して行きたい。

その前段として、まずはWebサイトにアクセス解析用のトラッキングコードを設置することがツール可動の大前提となる。Webサイト全体を計測するには、全ページにトラッキングコードを設置する必要があり、「WordPress」などの動的CMSの場合には、headタグ内に設置しておけば、各ページに反映されるので非常にシンプルである。プラグインを使用することでの設置も可能だ。トラッキングコードの設置場所については、body内やfooter内に設置しても差異はないなど諸説はあるものの、セオリーとしてはhead内のラストに設定するのがタグの読み込み順序としても懸念がないと言われており、定石である。

静的HTMLへの設置は、ページ量が膨大な場合、リストでの管理など、運用に工夫をする必要がある。万一、際の管理が外部スタッフによる場合や、複数サイトの運用などでページ毎にタグが異なる場合などは、タグを一括管理できる「タグマネージャー」の使用が望ましい。

312 | アクセス解析の基本手順7STEP その1

●主要な指標とトレンドを把握する

まずアクセス解析を手掛ける際には、「マーケティング・ファネル」(サイト流入の漏斗)という考え方に基づき、「検索や広告から流入したユーザーは、徐々に離脱し、絞り込まれコンバージョンに至る」という前提的な事実を念頭に置いて進めることが肝要だ。そしてアクセスの詳細やCVに至る要因を探る前に、全体を俯瞰するように主要なトレンドと指標を押さえておく必要がある。

主要な指標としては、GAのダッシュボード(ツール選択画面)内の「ユーザー>サマリー」にて表示される、セッション・ユーザー・ページビュー数・ページ/セッション・平均セッション時間・直帰率・新規セッション率がまず基本となる。

加えて全体のコンバージョンレートもチェックしておきたい。これらの主要指標を、定点観測し、週次や月次の推移としてトレンドを把握していく。週次・月次を含め、トレンドの上昇・下降について、要因を探っていくのがアクセス解析の基本となる。

●参考 「アクセス解析を使ってサイトの課題を発見する12のステップ」
http://analytics.hatenadiary.com/entry/20100111/p1

313｜アクセス解析の基本手順7STEP その2

●マクロの流入経路を俯瞰する

全体のトレンドに懸案となるような変化がない場合には、直近1か月のマクロの流入経路を俯瞰し、流入チャネルごとに大きな変化がないかをチェックする。

期間として設定した直近1か月以前の1か月や、複数年運用するサイトであれば、「昨年同期と比べてどうか？」についても検証したい。とくに昨年対比では、ユーザーの質や経路、デバイス比率に大きな変化があらわれているケースも少なくないので留意したい。

具体的には「集客＞すべてのトラフィック＞チャネル」から、「Organic Search」「Direct」（ノーリファラー）「Social」「Referral」を参照し、流入経路毎の特徴をつかむと共に、ユーザーの滞在性から質の比較を行う。「Organic Search」（自然検索）については、「Google」「Yahoo!」が二大参照元となるため、各主要指標や滞在性に大きな差異があるかをチェックする。またデバイス毎の滞在性やコンバージョン率についても同時にチェックしておきたい。

314｜アクセス解析の基本手順7STEP その3

●参照サイトを掘り下げる

集客のチャネルで、大まかな流入経路の傾向や比率を俯瞰したら、次はピンポイントの視点で、詳細を掘り下げる解析をしていく。「集客＞すべてのトラフィック＞参照サイト」を閲覧することで、「ユーザーがそのWebサイトを参照して流入したか？」をチェックすることができる。

実際に、参照サイトの上位にはリンク元をページ閲覧し、「具体的にどのように自社サイトが紹介されているのか？」「リンクされているのか？」を確認しよう。万が一「質が低いリンク」と判断せざるを得ないようなリンクが付与されている場合には、「Search Console」から「リンクの否認」をリクエストすることで、悪影響を避けるようにしたい。

●参考 「バックリンクを否認する」 https://support.google.com/webmasters/answer/2648487?hl=ja

315｜アクセス解析の基本手順7STEP その4

●検索クエリを解析する

「ユーザーがWebサイトに到達するのに、どんな検索語・フレーズでサーチしアクセスしてきたか？」を解析するのに「検索クエリ」は重要な指標である。

かつてはGAの「集客＞キャンペーン＞オーガニック検索トラフィック」で、検索クエリの解析が非常に有効であった。しかし現在は、検索順位の評価指標にhttpsが加わり、さらにGoogleのほぼ全てのサービスにSSLが導入されYahoo!もこれに追随したため、GAのオーガニック検索トラフィックのほとんどのキーワードが「not provided」となってしまっている。

少ないデータながらも、念のためにチェックすることは継続したいが、代替のツールとして「Google Search Console」の「検索アナリティクス」を活用しよう。「Google Search Console」ダッシュボード内から「検索トラフィック＞検索アナリティクス」で設定を「クエリ」を選ぶことで表示される。そしてこの機能は、GAの管理画面に連携ができ、GAからのチェックが可能となり便利なので、ぜひ活用したい。

316｜アクセス解析の基本手順7STEP その5

●ランディングページを解析する

ユーザーが「どのページからWebサイトに流入したか？」を示すのが「ランディングページ」であり、ユーザーとWebサイトコンテンツの最初のタッチポイントとして、コンバージョンに向けてユーザーが閲覧を開始するべきページでもあるので、ランディングページの指標はとても重要と言える。

GAでは、「行動＞サイトコンテンツ＞ランディングページ」にて指標を閲覧できる。まず、ランディングページ上位10ページの集客（セッション・新規セッション率・新規ユーザー）、行動（直帰率・ページ/セッション、平均セッション時間）、コンバージョン（目標のコンバージョン率・目標の完了数）を俯瞰する。特にランディングページとして上位にありながら、直帰率が高いページは、ユーザーの検索行動とランディングページのコンテンツがマッチしていない可能性があるので、留意したい。

各ランディングページをクリックすることで、該当ページの傾向詳細を解析することができる。キーワードは、「オーガニック検索トラフィック」同様、昨今では活用が困難になっているが、ランディングページへの「参照元」をチェックしたり、「セカンダリディメンション」を活用することで、たとえば「デバイスカテゴリ」をチェックするなど、あらゆる角度で「閲覧開始ページとユーザーのマッチングやルート」を解析するようにしよう。

317｜アクセス解析の基本手順7STEP その6

●ユーザーのサイト内回遊と導線をチェックする

まずは、Web設計時に打ち立てた「主要導線」が機能しているのかをチェックしたい。設計時はあくまでも「仮説」であるため、その想定イメージ通りに、ユーザーが回遊しているかを検証する必要がある。もし仮説の主要導線が機能していないのであれば、その原因が何であるか？
特定に努め、改修していくのが急務である。また離脱率もチェックして、もし導線上に、“袋小路”的な行き止まりの離脱が頻発するページがあるのであれば、導線の繋ぎ込みを行っていく。コンバージョンフォームで離脱率が高いようであれば、それは重大な“獲りこぼし”である。その場合は、「EFO（エントリーフォームオプティマイゼーション＝フォーム最適化）」を行い、改善を行うことが必須だ。

現在の検索アルゴリズムでは、ユーザーの滞在性も評価の重要要因であるため、ユーザーのサイト内回遊性を高めて、購買意欲も高めていきたい。

318｜アクセス解析の基本手順7STEP その7

●コンバージョンを解析する

集客や販売を行う目的のWebサイトにおけるゴールとは、成果……すなわちコンバージョンを発生させることだ。コンバージョン直前のページからの遷移率を徹底的にチェックするようにしたい。そして同じコンバージョンでも、新規・リピーター・地域・性別など、「セグメント」毎に傾向が違うのであれば、つかんでおく必要がある。

GAでは「アドバンスドセグメント」を使うことで、コンバージョンした訪問だけを絞り込めるので、それを訪問全体や、コンバージョンしていない訪問と比較することも大切だ。コンバージョン数の実数も大切であるが、もし大きな変化がある場合には、その変化の原因を仮説検証することも重要である。

319｜Googleアナリティクス 運用TIPS その1

●関係者の閲覧を除外する

Googleアナリティクスには、便利な機能や応用機能があるので、積極的に活用して行きたい。まず、必要な設定として、Webプロジェクトの関係者の閲覧を除外する必要がある。特にアクセス分母が小さいWebサイトにおいて、関係者の閲覧が含まれてしまうと、分析に影響が出るからだ。社内の関係者だけでなく、外部に制作運用やコンサルティングを依頼している場合には、その閲覧も除外しよう。

設定方法は、GAの管理画面から「管理＞ビュー＞フィルタ」の順にまず進む。次に、「フィルタの追加＞ビューにフィルタの追加＞新しいフィルタの作成」にて進む。フィルタ名を任意に設定し、「フィルタの種類＞定義済み＞フィルタの種類＞除外」と進み、「IPアドレスからのトラフィック」を選択する。除外すべきIPアドレスが入力できたら、「式」（等しい、で可）を選び、「保存」することで設定が完了する。もし複数のWebサイトに関与する場合には、設定画面冒頭の「ビューにフィルタを適用する方法を選択」のセクションで「既存のフィルタを適用」から、任意のフィルタを選ぶことで設定が完了となる。

320｜Googleアナリティクス 運用TIPS その2

●重要成果指標であるGA「目標設定」　前編

GAには、デフォルトの基本仕様で閲覧解析するだけでも有効な指標がたくさん存在するが、個別に設定することで得られる重要指標もある。その一つが「目標設定」だ。Webサイトには、そのサイトを存在させる目的により、

・商品購入や申し込み

・資料請求や問合せ

・会員登録やメールマガジン登録

・動画閲覧

など、成果を目標としていることが主である。

つまり総称してコンバージョンが存在する。目標設定にコンバージョンを紐づけることで、CVするユーザーの特徴や傾向、CVしていないユーザーとの傾向の違いを浮き彫りにすることができる。目標は1つのビューにつき最大20個まで設定することができるので、複数のCVがある場合はもちろん、マイクロCVにも目標設定を当て込むことで、より精度の高いCV要因を見出すことが可能になる。

321 | Googleアナリティクス 運用TIPS その3

●重要成果指標であるGA「目標設定」 中編

それではGAにおける目標設定を具体的にみていこう。まずは管理画面内の「管理＞ビュー＞目標」へと遷移し、「新しい目標設定」へと進む。この先は、ステップを順序立ててGAがサポートを進めてくれるので、任意で選択しつつ設定を決めていく。
「目標設定」では、事前に決められた設定で開始する「テンプレート」か、全くの任意で設定する「カスタム」を選ぶことができる。ここでは「テンプレート」にて説明を進めるが、「テンプレート」には、「収益」「集客」「問い合わせ」「ユーザーのロイヤリティ」が設定されている。たとえば「問い合わせ」をコンバージョンとする場合は、ラジオボタンにチェックをつけて、「続行」を行う。

次に設定するのが、「目標の説明」だ。ここでは、目標の名称を任意で設定し、ビューあたり最大20個設定できる目標のIDを付与する。そして目標設定の「タイプ」があり、「到達ページ」「滞在時間」「ページビュー数/スクリーンビュー数（セッションあたり）」「イベント」の4種から選択できる。これらは、各目的別で設定方法が異なるので、また詳細を説明して行こう。

322 | Googleアナリティクス 運用TIPS その4

●重要成果指標であるGA「目標設定」 後編

目標設定の「タイプ」4種である、「到達ページ」「滞在時間」「ページビュー数/スクリーンビュー数（セッションあたり）」「イベント」の設定方法をそれぞれ見ていこう。

・到達ページ……最終的にコンバージョンとしたいページのURLを設定する。たとえばお問合せフォームのサンクスページ（ユーザーがフォーム送信後に自動的に表示させるメッセージページ）を「ユーザーがフォームを送信した証としてCVとする」という仮定で「www.example.com/thankyou.html」が該当ディレクトリとする。その場合は、ドメイン以下の「/thankyou.html」のみを入力する。ドメインからのフルディレクトリで記載するとエラーになりカウントされないので注意が必要だ。もし、設定する目標CVに、定額で示せる経済効果があるのであれば、「値」を設定することで、概算値を目安とすることも可能である。また、CVに至るまでのサイト内での回遊経路を定義づけられる場合は、「目標達成プロセス」を設定することで、マイクロCVごとのゴールであるCVへの傾向差異なども解析することができるだろう。「目標達成プロセス」は追加設定が可能なので、あまり複雑化しないほうが望ましいが、「主要導線」として定義づけておくことも可能だ。

・滞在時間……こちらの設定はシンプルに、「時間・分・秒」を設定し、それより滞在時間が長かったユーザーがCVとして目標達成カウントされることになる。到達ページと同じく、値の設定が可能だ。
・ページビュー数/スクリーンビュー数……滞在時間と同様に、目標とする値を入力し、値の設定が可能なら機能をオンにすれば良い。

イベントの目標設定は、GAの設定を行うだけでなく、「イベントトラッキング」をタグとして書き込む必要があるので、若干手順が必要となる。これについてはGA「目標設定」応用編としてご紹介しよう。

323｜Googleアナリティクス 運用TIPS その5

●重要成果指標であるGA「目標設定」 応用編

GA「目標設定」の最終として、「イベント」の設定を解説しよう。このイベントは管理画面内の「目標設定」を入力しただけでは機能せず、「イベントトラッキング」と呼ばれるJavaScriptで記述されたタグを記述することによって計測できる。そしてこのイベントとは、PDFのダウンロード数や、動画の再生回数、バナーボタンのクリック数など、「ユーザーのクリック行動」に絡む解析に活用できる概念である。具体的には、計測したいクリック行動が発動する<a>タグに、イベントトラッキングを記述する。仮に、PDFダウンロード数を計測したい場合、GAで「ユニバーサルアナリティクス」を使用している場合は、<a>タグを次のように記述する。

```
<a href="a
href="http://www.example.com/download/a"
"onClick="ga('send', 'event', '任意のカテゴリ名', '任意のアクション', '任意のラベル', '任意の値);">サンプルPDFダウンロードはこちら</a>
```

上記のタグのうち、'send'および'event'については規定タグなので必須であるが、他は任意設定でかまわない。タグにイベントトラッキングを仕込み、GAの目標設定内のイベントの各項目に、イベントトラッキングで任意設定した記述と同項目を入力することで、目標が発動することになる。

なお、jQueryを活用することで<a>タグに一括してイベントトラッキングを仕込むことも可能である。イベントのその他詳細については、オフィシャルサイトのヘルプもぜひ参照して頂きたい。

●参考 「イベントについて - アナリティクスヘルプ」 https://support.google.com/analytics/answer/1033068?hl=ja
「イベントトラッキング - Google Developers」 https://developers.google.com/analytics/devguides/collection/analyticsjs/events?hl=ja

324｜Googleアナリティクス 運用TIPS その6

●バーチャルページビューという考え方

PDFのダウンロードや動画の再生回数などに「イベント」を設定することで、ユーザーがクリックした回数を解析する手法をお知らせした。今回は、類似のユーザー行動解析手法として、ダウンロード数や再生回数を「ページビュー」としてカウントする「バーチャル（仮想）ページビュー」を説明しよう。

「バーチャルページビュー」は、外部リンクや同一URL上の遷移など、通常の設定ではトラッキングできないページへの遷移を仮想のページとみなし、計測する手法を言う。

バーチャルページビューを使用するには、<a>タグに下記のトラッキングコードを記述する必要がある。仮に、PDFファイル「資料a」をダウンロードするタグを<a href="リンク先URL">PDF資料aのダウンロード</a>とすると、記述後は下記になる。

```
<a href="http://www.example.com/download/a"
onClick="ga('send','pageview',{'page':'/download/a',
'title':'資料a'});">PDF資料aのダウンロード</a>
```

※"/download/a"は、下層ページ（本項目では資料のダウンロード）のURL

※「資料a」は、仮想ページのタイトル

ただしバーチャルページビューを使うことによって、ダウンロードファイルなどを含まない、実際のPVとは異なる値となるデメリットがある。もしそれが支障をきたすようであれば、イベントトラッキングを活用するか、フィルタによってバーチャルページビューを除外したものを新たなビューとして設定する必要がある。

325｜Googleアナリティクス 運用TIPS その7

●GA「イベント」活用によるEFO

GAにて「目標設定」を行う事により、レポート「行動＞イベント」にて「カテゴリ」「イベントアクション」「ラベル」ごとの順位や値、平均値を解析することができ、「イベントフロー」によって、ユーザーがイベントを発動させるまでの経路をチェックすることができる。

このイベントフローを活用することで、コンバージョンに至るエントリーフォームの問題点を洗い出すことも可能だ。たとえば入力項目ごとにイベント設定を行い、最終の送信までのフローすなわち遷移をみた場合、「どの項目にどれくらい入力時間が掛かったか？」「どれくらいの回数をユーザーが入力したか？」「どこで離脱が多いか？」を解析することができる。つまりイベントを活用することにより、「EFO」（エントリーフォームオプティマイゼーション＝フォーム最適化）を行う際に、具体的な問題点を発見することも可能ということだ。

もし中途の入力項目で離脱が多い場合は、その項目の削除や簡略が必要であるし、入力直前での離脱が多い場合は、ユーザー視点で負担の軽減や、具体的に必要な手順や所要時間の明示が必要ということになる。イベントは単に数値を測るだけでなく、問題点の洗い出しや改修ポイントの策定にも活用できるということだ。

●参考　「アナリティクスのイベント分析でフォームを改善しよう」http://murak.net/post/analytics/641

326｜Googleアナリティクス 運用TIPS その8

●GA「目標への遷移」「目標達成プロセス」を活用する

GAにて入力した「目標設定」はコンバージョンまでの経路や、プロセスの解析に活用できる。まずは「コンバージョン＞目標＞サマリー」にて、目標全体の完了数やコンバージョン率、目標完了によって得られた値（金額を設定していれば、概算売上となる）、そして目標ごとの完了数を俯瞰したい。

次に「目標への遷移」「目標達成プロセス」を確認していく。ここでは、設定した目標ごとにレポートされるので、特に最終的には同じコンバージョンとしても、目標達成プロセスを切り分けて設定していた場合には、直前ページからの遷移率など、コンバージョンまでの成果効率性や、重要改修点の洗い出しに活用できる。また参照元の違いによる、最終CVの傾向の違いを比較するにも、「目標への遷移」「目標達成プロセス」は重要な指標となる。

327 ｜ Googleアナリティクス 運用TIPS その9

●eコマースの経営分析に活用する

もし、あなたが運用するサイトが販売サイト、すなわちeコマースであるならば、GAのeコマースタグを購入完了ページに設定し、アナリティクス設定＞ビュー設定＞eコマース設定＝ONにしておけば、売上げデータなどを扱える「eコマースレポート」を利用できる。購入された商品・数量・収益・コンバージョン率などを分析することで、eコマースの運営状況が把握でき、平均注文額やサイト訪問から購入に至るまでにかかった日数、訪問の数に至るまで、費用対効果を多角度で分析することが可能になる。自社システムでのeコマース以外にも、GAのeコマーストラッキングを導入できるASPは存在するので、確認の上で導入するようにしたい。

eコマーストラッキングと、通常の「目標」は異なるので、目標達成プロセスも設定しておくことで、離脱状況などの問題点発見にも役立てることができる。「販売実績」を活用することで、「新規ユーザーとリピーターで傾向がどう違うか？」など、セグメントごとの比較も可能である。またメールマガジン経由や、広告、各種キャンペーンなど、集客チャネルの分析にも活用していきたい。

328｜Googleアナリティクス 運用TIPS その10

●GA「サイト内検索」を設定する

Webサイトに「サイト内検索機能」を実装している場合、GAの「サイト内検索」と紐づけておこう。設定には、管理画面より「ビュー＞ビュー設定」を選択し、「サイト内検索の設定」をオンにし、「クエリパラメータ」を設定する。たとえば検索の結果として表示されるURLの「http://sample.com/?s」が共通部分だとすれば、「s」をクエリパラメータに設定する。「?」はパラメータを表す記号なので、記述しないようにする。「?」を記述してしまうと、エラーを起こして「サイト内検索」のビューが発動しないので留意したい。複数のパラメータがある場合には、最大5つまで登録できるので、カンマ区切りで登録する。

サイト内検索にカテゴリがあり、カテゴリ別に解析を行いたい場合には、下部の「サイト内検索のカテゴリ」をオンにし、カテゴリパラメータを記述する。複数存在する場合には「サイト内検索」同様、カンマ区切りで登録すれば良い。サイト内検索がGAにて確認できるようになるには、タイムラグが発生するので留意しておきたい。設定してから反映されるまでに48時間程度かかることもあると言われている。

329｜Googleアナリティクス 運用TIPS その11

●「サイト内検索」活用法——1. どのくらい訪問者が利用しているか？

サイト内検索レポートでは、「なぜそのユーザーが、そのキーワードをサイト内検索を使用して調べたか？」というユーザーの「検索意図」を探っていく。「サイト内検索」の活用方法は6つの代表的な手法が挙げられる。1つずつご紹介していこう。

「サイト内検索＞サマリー」では、どれくらいのユーザーがサイト内検索を利用しているのかを俯瞰することができる。サイト内検索を利用するユーザーが多いということは、「モチベーションが高いユーザーが多い」という見方もできるが、「ユーザーが必要とする情報に、ファーストビューからの導線でたどり着けるナビゲーション性が低い」と考えるべきだ。いわばユーザービリティやユーティリティが低いのである。「検索による離脱数の割合」が高ければ、ユーザーの求める情報に対するソリューション（解決力）が不足していると言わざるを得ない。

●このトピック全体の参考書籍

『Googleアナリティクス　実践Webサイト分析入門』　P104〜105　いちしま泰樹著（インプレスジャパン刊）

330｜Googleアナリティクス 運用TIPS その12

●「サイト内検索」活用法――2. どんなキーワードで検索しているか？

サイト内検索に入力されているキーワードは、つまり「ユーザーが求めている情報そのもの」ということだ。「ユーザーが来訪の目的を告げてくれている」と言っても過言ではない。特に「オーガニック検索トラフィック」の機能性が低くなっている昨今では、重要な情報源と言える。

このサイト内検索での「サイト内検索キーワード」で上位に来るキーワードが、自社のビジネスにマッチしているもので、Webサイト内に記載が少ないコンテンツであれば、あらたな潜在ウォンツである可能性もあるので、ぜひ掘り下げた上でサイト内に掲載すべきコンテンツだ。

また、自社ビジネスにとって重要な位置を占めるにもかかわらず、サイト内検索であまりにも検索が多い場合には、Webサイトでのナビゲーションや導線設計を根本から見直す必要がある。

331｜Googleアナリティクス 運用TIPS その13

●「サイト内検索」活用法――3. どのページで検索されているか？

「サイト内検索＞検索ページ分析」にて、どのページでサイト内検索が行われているのかを把握することができる。たとえば、サイト内検索が行われているページが、リストや名簿のような機能のページだとすれば、サイト内検索が多いのは必然であるので問題ないが、通常のコンテンツページなのであれば、そもそものコンテンツ内容やナビゲーションを疑ってみる必要がある。

「検索ページ分析」にリストアップされる各ページのURLをクリックすると、サイト内検索キーワードが表示されるので、Web内で展開するサービスとしてコンテンツが要件を網羅できているのか再検証したい。

332｜Googleアナリティクス 運用TIPS その14

●「サイト内検索」活用法――4. サイト内検索後、離脱しているか？

ユーザーがサイト内検索を実行した後に、離脱しているのか？　離脱していないのか？　これは大きく明暗を分けるポイントである。もしサイト内検索後に離脱しているのであれば、サイト内に求めている情報やコンテンツが存在していなかったか、存在していても満足に至らなかった現れである。

サイト内検索後に、「再検索の割合」が高い場合も同様に、満足のいく結果が得られなかったから再検索に至っている……すなわち情報コンテンツ不足と捉えるべきだ。逆にサイト内検索後に、ユーザーのサイト内回遊性が高いのであれば、ナビゲーションや導線設計に問題がある、ということなので解消に努めたい。

333｜Googleアナリティクス 運用TIPS その15

●「サイト内検索」活用法——5. サイト内検索後、CVに至ったか？

「サイト内検索検索キーワード」や「検索ページ分析」セクションにおいて、「エクスプローラ」から「目標セット」や「eコマース」を選択すると、コンバージョン率や収益を確認することができる。

もし、事業領域において重要であるキーワードが検索されているにもかかわらずCV率や収益が低いようであればコンテンツやナビゲーション、導線を見直す必要がある。逆に、成果インパクトは大きいながら、Webサイト内での位置づけが低かったと顧みられるキーワードがあれば、サイトの設計はもちろん、いったん事業ドメインや事業分析全体から洗い直してみることも一考すべきだ。

334｜Googleアナリティクス 運用TIPS その16

●「サイト内検索」活用法——6. どんなユーザーが検索するか？

サイト内検索を利用するユーザーが多い場合には、どんなユーザーが利用しているのか？　その傾向を探っておきたい。そのためには、「セグメント」を活用していく。たとえば、このセグメントによって、「新規ユーザー」「リピーター」などのユーザーの性質ごとに分類したり、ほかにも「システム」としてプリセットされたセグメントから、解析の主旨に沿うユーザー層を抽出してレポートを比較することも必要だ。

その結果で、セグメントごとの課題が見えてくることもあり、「どんなユーザーがどのページで何を探しているか？」というマトリックスで分析を行うことが重要である。

335｜Googleアナリティクス 運用TIPS その17

●「リアルタイム」レポートを活用する

Webサイトを「いままさにどんなユーザーがどれくらい閲覧しているか？」をチェックするには、「リアルタイム」レポートを活用する。ユーザーの行動が、わずか数秒でGAに反映されるのだ。アクセスしている経由がPCであるかモバイルであるかの判別や、参照元、過去30分間のページビュー数、アクティブなページ、そして目標設定したイベントにコンバージョンと、解析できる要素は限定的であるが、「まさに目の前のユーザー行動」が、文字通り“リアルタイム”で閲覧できることは、現場の反応であるので意義が大きいと言える。

たとえば、メールマガジンを配信した直後やキャンペーンページを展開した後など、反響を確かめるには、最も有効な手段と言える。また、GA動作の確認ツールとして、初期に計測タグを設定した時や設定を変更した場合に、アクティブとなっているかを調べるにも活用できる。

336｜Googleアナリティクス 運用TIPS その18

●最重要機能とも称される「セグメント」を活用する

GAの中で最も人気があり、非常に便利な機能の1つが「アドバンスセグメント」だ。操作画面上では、シンプルに「セグメント」と呼ばれている。メインコントロールパネルのタブから「すべてのユーザー」脇に、「＋セグメントを追加」をクリックすることで設定することができる。

そもそも“セグメント”とは、分類を表すもので、「訪問軸」「ユーザー軸」それぞれにおいて、アクセス解析を行う上で重要な分類を仕切って、それぞれの分類ごとにデータを閲覧できるのが、このセグメント機能である。

GAには、基本となるセグメントが「システム」として20種以上もプリセットされている。複数同時に呼び出すことができるので、チェックボックスにマークして「適用」をクリックすれば、セグメント毎の比較を一覧で表示させることができる。

プリセットされていないセグメントについては、「カスタム」によって自由に作成でき、また「ギャラリーからインポート」を活用することで、GAのソリューションギャラリーに公開されている、世界中のユーザーが作成したセグメントをインポートすることも可能だ。

337｜Googleアナリティクス 運用TIPS その19

●セグメント比較ポイント「新規」「リピーター」

「訪問軸」と「ユーザー軸」で分類して比較する「セグメント」のうち、やはりセオリー的にチェックすべきパターンがあるので、押さえておきたい。

まずは「新規ユーザー」と「リピーター」による比較だ。この2つのセグメントを同時に表示させることで、それぞれの傾向にどう特色があるか、そしてどんな差異があるかが手に取るように分かる。特にチェックしたいのが直帰率や訪問別ページビュー、訪問時の平均滞在時間でみる滞在性、そして目標に設定したコンバージョンの差異による成約性だ。「ユーザー＞行動＞新規とリピーター」では、全体傾向を俯瞰することしかできないが、セグメントを活用した比較では、各項目・各指標において比較することができるので、改善に繋がるシグナルを見つけに行きたい。

338｜Googleアナリティクス 運用TIPS その20

●経由トラフィック毎のセグメント比較

ブラウザのブックマークや、メールマガジンなど、Webサイトやサービスと何がしかの関係性が構築されたユーザーからのアクセスである可能性が高い「ノーリファラー」と、検索ポータルからのアクセスである「自然検索トラフィック」、そしてWeb広告経由である「有料のトラフィック」の各セグメントを比較してみよう。

「自然検索トラフィック」や「有料のトラフィック」を経由したユーザー

は、ユーザーが情報を求める検索行動の結果としてWebサイトに流入した可能性が高い。よって、ノーリファラー経由のユーザーに比べて、明らかに滞在性やコンバージョン性が低い場合には、Webサイトがユーザーの検索意図を満たせていない可能性を疑うべきである。特に「有料のトラフィック」を経由しているユーザーは、その流入誘致にコストが発生しているので、広告文とLPコンテンツの親和性や、ファーストビュー、そしてCVに至るまでの導線に問題がないかを見直すべきである。

339｜Googleアナリティクス 運用TIPS その21

●コンバージョン有無によるセグメント比較

Webサイトのゴールとしては、販売や問い合わせ、資料請求などのコンバージョンを成果とするケースが多くなるので、「CVしているユーザーと、そうでないユーザーの比較」は、セグメント解析として大きな意味合いを持つと言える。プリセットされたシステム内では「コンバージョンに至ったユーザー」「コンバージョンに至らなかったユーザー」が比較の主軸になる。「サイト内検索を行う」をマイクロコンバージョンと捉えるのであれば、セグメントにもう1軸、システム内の「サイト内検索を実行したユーザー」を加えてみても良いだろう。

「それぞれのユーザーがどのような参照経路をたどっているか？」そして「滞在性やサイト内での行動をどうか？」を検証し、「コンバージョンに至らなかったユーザー」が「コンバージョンに至ったユーザー」に転換するように努めていこう。

340｜Googleアナリティクス 運用TIPS その22

●ディメンションと指標の概念を理解する

GAの詳細機能を活用したり、各種のカスタマイズを行うには、まずGAレポートを構成する「ディメンション」と「指標」の概念を理解しておく必要がある。簡単に一言でまとめると、ディメンションとは、レポートで集計する単位や区分、項目を表している。一方、指標はレポートで取得・計測する数値を表している。そしてディメンションと指標は、組み合わせて使用するのが基本である。

GAのプリセットの基本レポートでは、すでにディメンションと指標は組み合わせて表示されているので、そのまま活用できる。もし、そのプリセットでは用意されていない組み合わせの解析を行う場合には、ディメンションと指標を自由に組み合わせてレポート化する「カスタムレポート」を活用する。

341 | Googleアナリティクス 運用TIPS その23

●2軸の掛け合わせ「セカンダリディメンション」

「ディメンション」とは、レポートで集計する単位や区分、項目を表していることを解説したが、通常は1軸で表示されるディメンションを、もう1軸掛け合わせて、2軸で解析する手法を「セカンダリディメンション」と呼ぶ。ちなみに1軸目のディメンションは「プライマリディメンション」と呼ばれている。

プライマリとセカンダリの掛け合わせには色々な組み合わせが想定できるが、1つ事例を紹介するなら、プライマリを「ユーザー＞ユーザー属性＞年齢」として、セカンダリに、「ユーザー＞性別」を掛け合わせる設定を行うと、「年齢別性別」という2軸での集計・解析ができるようになる。その組み合わせは多岐にわたるバリエーションが想定できるので、さまざまな掛け合わせにトライして、ぜひアクセス解析の深堀りに活用して頂きたい。

342 | Googleアナリティクス 運用TIPS その24

●GA最強ツールの1つ「並べ替え　加重」

「セカンダリディメンション」と並んで、大変重宝するのが、「並べ替え」というツールで、この「並べ替えの種類」から「加重」を選ぶことで、改修の重要度・優先度の高いページを抽出することができる。たとえば、「ランディングページにおいて、直帰率を改善する」という課題テーマを持ったとする。この場合、留意したいのは「直帰率が高い順位が、必ずしも優先度や重要度を表すわけではない」ということ。ページへの流入数や、関連ページへの遷移率、そしてコンバージョンレートなど……。複合的な評価基準から、優先度や重要度が決められるべきだ。

この課題に対して有効なのが“加重並べ替え”である。前述の複合的な要素から、「優先度・重要度の高い順」という形で自動抽出してくれる便利なツールだ。ランディングページで“加重並べ替え”を行いたい場合には、「行動＞サイトコンテンツ＞ランディングページ＞直帰率のタブをクリック＞欄上の「並べ替え種類」＞加重」をチョイスする。その結果で表れたレポートが、直帰率を改善すべきランディングページのランキングということになる。

343｜Googleアナリティクス 運用TIPS その25

●「アドバンスフィルタ」で絞り込む

GAのレポートで、結果を絞り込む便利な機能に「アドバンスフィルタ」がある。レポートのデータテーブル上部にある「アドバンス」をクリックし、出現する入力ボックスで条件を設定することで、任意の条件に絞り込むができる。

たとえば特定のキーワードで流入しているキーワードに「一致」で絞り込みを掛けたり、逆に「除外」を掛けることで、該当キーワード以外のアクセスを抽出することもできる。「完全一致」「先頭が一致」「最後が一致」を選ぶことで、より詳細の設定も可能になる。コンバージョン率や直帰率などの重要指標に対して「超える」「未満」「等しい」の絞り込みを掛けることで、ユーザーのサイト内での行動傾向を解析するのも有効だ。「AND」機能で、条件をさらに掛け合わせていくこともできる。さらに「正規表現」を活用することで、より詳細な条件を設定していく応用もぜひ身に付けたい。GAにおいてよく使用する正規表現は、オフィシャルのサポートページを活用しよう。

●参考　アナリティクスヘルプ「正規表現について」 https://support.google.com/analytics/answer/1034324?hl=ja

344｜Googleアナリティクス 運用TIPS その26

●曜日、季節要因や月日数にも留意する

GAに限らず、アクセス解析を行う際に留意する必要があるのが、「曜日、季節要因や月日数による変動」である。BtoB……すなわち対企業のサービスであれば、やはり週末は休日となる企業が多く、また盆暮正月も、休暇となる企業が多いので、当然アクセス数には変動が発生する。よって、その該当期間はアクセスが減少することを見越す必要があるが、季節要因での変動については、昨年やその前年同期と比べて、傾向に違いはあるのかをチェックしておく必要がある。

また、月日数……つまり31日まである1月と、28日までしか存在しない2月では3日間の期間差があるということも留意しておく必要がある。3日の差ではあるが、「10％の差異がある」と捉えれば、データに大きな差が発生して当然である。業種やサービス品種によっては、月初と月中、そして月末では傾向に差異が現れるケースもあるだろう。月次や週次で観測する場合には、定点を定めて計測を行うことが望ましい。アクセス解析においては、ピンポイントの定点のみで判断を行うのではなく、中長期的なトレンドも把握する意識を忘れてはならない。

345｜Googleアナリティクス 運用TIPS その27

●「ページ解析」を“ミクロ的視点”で活用する

アクセス解析には、サイト外部からのアクセスやサイト内での行動を“俯瞰的視野”で見る「マクロ解析」と、サイト内での行動をピンポイントに訪問単位やページ単位で精査する「ミクロ解析」があり、GAは前者の「マクロ解析」の視点で活用すべきツールである。

そんなGAの機能ツールの中でも“ミクロ的視点”で活用できるのが、Googleのブラウザである「Chrome」の拡張機能「Page Analytics」内の「ページ内クリック分析」である。このツールを活用することで、サイト内のナビゲーションやバナーなど、「サイト内リンク」がどれくらいクリックされているかを計測することができる。

主要なページ遷移に向かう導線上のリンクはクリック率が高い必要があり、逆にクリック率が低い場合には、「リンクとしてクリックできることが分かりづらい」というリスクを疑ってみる必要がある。

346｜Googleアナリティクス 運用TIPS その28

●「サイトの速度」を知る

昨今のアルゴリズムでは、ユーザーの滞在性が大きな評価要素となるため、ユーザーがページ閲覧に掛かるための「サイトの速度」は、忘れてはならないユーザビリティ要素である。特にトップページにおいては、「ユーザーが閲覧を続けるかどうかをファーストビューから3秒で判断する」とも定説的に言われており、迅速にサイト内回遊に入れるWebサイト環境を提供したいものだ。

GAの「行動＞サイトの速度」を活用すれば、ブラウザごとの読み込み速度をはじめ、サイト内の平均と各ページの比較をチェックできる「ページ速度」や「速度についての提案」も活用できるので、「どのページが表示に表示時間を要しているか？」をチェックしよう。速度が遅く、かつ重要度の高いページは、ファイルを軽量化する改修に努めたい。

347｜Googleアナリティクス 運用TIPS その29

●「ベンチマーク」を意識する

同業他社や業界関連のサイトの平均データと自社サイトのアクセス解析を比較できる便利なツールが「ベンチマーク」だ。チャネルごとの、「集客」（セッション・新規セッション率・新規ユーザー）や「行動」（ページ/セッション・平均セッション時間・直帰率）のサマリーをマクロ的に俯瞰して比較したり、デバイスカテゴリごとの同項目を比較できる。

あくまでも平均データとの比較とはなるが、「業界全体の動向や傾向と比べて自社サイトはどうなのか？」と、文字通りベンチマークと比較できるツールである。

348｜Googleアナリティクス 運用TIPS その30

●データの動きを見逃さない「カスタムアラート」

GAのチェックは、ルーチンワークとして“定点観測”を行うことが必要だが、それ以外にも、突発的な動きにはアンテナを張るようにしたい。その施策に有効なのが「カスタムアラート」で、Googleが提供するインテリジェンスイベントの1つだ。ウェブサイトを監視して大きな数値の変化を検出した場合に通知（アラート）してくれる機能である。「緊急事態」「パフォーマンス」「トラフィック」「コンバージョン」などWebサイト運営・運用に重要な指標に大きな変化が生じた場合に、アカウントに登録したメールアドレスに通知が送られる設定となる。通知を行う数値については「管理＞カスタムアラート＞アラート条件」で設定を行う。

良好な方向にも悪化の傾向にも、可及的速やかに反応して、特に悪化の場合には原因解明と対策改修や施策を速やかに講じたい。

●参考 「Googleアナリティクス Solutions」 https://analytics-ja

.googleblog.com/2016/10/6.html

349 | Googleアナリティクス 運用TIPS その31

●データを共有する「マイレポート」を活用する

Webサイト運用のプロジェクトが複数人で担当している場合や、企業内で上司に成果報告が必要な場合は「マイレポート」を活用することで、数値を俯瞰する形で共有が可能になる。

「マイレポート＞空白のキャンバス」では、レポートのレイアウトも自由に設計でき、「ウィジェット」から表示項目をチョイスすることができる。マイレポート内でもユーザーのセグメントやフィルタを併用することが可能なので、実務に則した形で設定を行いたい。また「ギャラリーからインポート」を活用することで、すでに他のGAユーザーが設定し公開しているセッティングを採り込むことも可能だ。一般的には日本語で組まれたものを活用するのが理解しやすいだろう。

考察などは別添する必要はあるが、速報としてまずは数値だけでも共有したり、また各自の視点から数値を読み解き、解釈を持ち寄ることにも活用できるので、組織でのWeb運用には有用性が高い機能である。

350 | Googleアナリティクス 運用TIPS その32

●自由度の高いオリジナル設定「カスタムレポート」

ここまでに「セグメント」や「フィルタ」など、GAのデフォルト設定にはないデータ解析に使用する機能を解説してきた。そして、最も自由度が高い設定が可能となるのが、ここに紹介する「カスタムレポート」である。

基本的な考え方としては、「ディメンション」に「指標」を任意で掛け合わせていくことで、標準レポートにはない、Webサイトの成果の目的やプロジェクトに合わせたデータを取得することができる。「ディメンション」に「指標」を掛け合わせた上に、さらに「フィルタ」も付加することが可能なので、取得できる解析パターンは無限大と言える。

ただし、その自由度故、設定次第では意味のないデータや、データとして算出されない入力もありえるので、注意が必要だ。「セグメント」「マイレポート」などと同様、「ギャラリーからインポート」で、他のユーザーが構成した設計を採り込むことも可能なので参考に活用するのも一手だ。

351 ｜ Googleアナリティクス 運用TIPS その33

●カスタムレポート「エクスプローラ」&「フラットテーブル」

GA「カスタムレポート」のデフォルト設定になっているのが、「エクスプローラ」形式での出力である。エクスプローラ形式では、グラフと表が表示される。そして時系列の折れ線グラフと、その下に表テーブルが配置されている。標準レポートでも見慣れた表示形式であり、デフォルト設定であることからみても、エクスプローラ形式で取得できる解析は多い。

それに対して「フラットテーブル」は、ディメンションを並列できる形式である。つまり、標準レポートにセカンダリディメンションを追加して表示したのと同等のレポートとなる。例を挙げると、ディメンションにおいて「参照元」「参照元URL」を並列する、というようなレポート表示が可能、ということになる。

いずれを選ぶかは取得したいデータによるが、この機能を使いこなせれば、GAによるアクセス解析で高度なレポートが可能となる

●参考　「使いこなせばGA上級者！自分用にカスタマイズしたレポートを作成したい（その2）」 http://web-tan.forum.impressrd.jp/e/2013/12/12/16588

352｜Googleアナリティクス 運用TIPS その34

●カスタムレポート“組織名解析”でアクセス企業を特定する

GAのカスタムレポートを活用する上で、最も有効な手段の一つが“組織名解析”であると捉えている。自社サイトにアクセスしてきた企業名を、IPアドレスから割り出して特定する、という手法だ。

カスタムレポートの「新しいカスタムレポート」に進み、タイトルを「アクセス企業名」など任意で付加する。「レポートの内容」に進み、種類は「エクスプローラ」で良い。指標グループは「ユーザー＞ページ別訪問数」とする。ディメンションの詳細は「ユーザー＞ネットワークドメイン」とし、これでアクセスしてくるユーザーのドメインが特定できる。さらに、フィルタによって、企業の代表的なドメインである「co.jp」に絞り込めば、「日本国内で登記している企業からのアクセス」として特定、ということになる。この場合、フィルタを「一致＞ユーザー＞ネットワークドメイン＞正規表現＞co.jp」という形で設定する。最後に保存すれば、この設定で絞り込みが掛けられた状態で出力される。

Webサイトにアクセスしてくる企業名が特定できれば、オフラインで営業を掛けるなど、さまざまな展開が可能になるのでぜひ活用しよう。

353｜Googleアナリティクス 運用TIPS その35

●カスタムレポート“曜日・時間帯”を解析する

GAのカスタムレポートを活用すれば、「曜日」や「時間帯」という軸で、ユーザーのアクセス傾向を解析することができる。この場合は、ディメンションにて、前者なら「時刻＞曜日の名前」、後者なら同じく「時刻＞時」を設定し、指標に「ユーザー」の項目から、解析に必要となる指標を単一、もしくは複数の掛け合わせで設定すればよい。

ユーザーが集中する曜日や時間帯を特定することで、メールマガジンなどのキャンペーン発信のタイミングを決定したり、Web広告の媒体費予算の集中度をコントロールしたり、戦略的にプロモーション運用を手掛ける解析要素となりえる。

354｜Googleアナリティクス 運用TIPS その36

●GAと「Search Console」を連携させる

Googleが提供するサービスの多くにSSLが導入されるようになった昨今では、https化により「オーガニック検索トラフィック」で、ほぼ検索クエリが取得できない仕様となってしまった。しかし現行のGA仕様では、レポート内で「Search Console」と連携できるようになり、「検索クエリ」機能が活用できるようになった。取得できるクエリの絶対数は決して多くはないが、傾向を参考にできる程度には出力されるので、活用しない手はないだろう。

GAでSearch Consoleを活用するには、あらかじめ両機能を繋ぎこんでおく必要がある。すでにSearch Consoleにサイトを登録してある場合には、GAのダッシュボードからSearch Consoleセクションをクリックすれば、繋ぎこむための画面に遷移する。表示される「Search Consoleのデータ共有を設定」をクリックし、「Search Console＞Search Consoleを調整＞編集」から、該当のWebサイト登録を選び、保存を実行すれば繋ぎ込み完了となる。データの共有は、繋ぎ込み作業以後のものとなるので、早めに繋いでおきたい。

355｜Googleアナリティクス 運用TIPS その37

●Googleアナリティクス活用まとめ

成果を出すべきWebサイト運用で留意すべきGA活用とは？　かならず、定点での短期的な視点だけでなく、“トレンド”という中長期視野で解析し、具体的な施策や、戦略思考に採り入れる、ということが、まず前提として挙げられる。

この「視野」と「視点」という使い分けは、解析の上でも重要なキーワードである。「視野＝高い場所から俯瞰する」という考え方は、ユーザーの流入経路や、大枠での滞在性をつかむ「マクロ解析」のカテゴリーとなる。そして「視点＝詳細を深掘りする」については、サイト内での経路解析や、ピンポイントの滞在事象に焦点を当てる「ミクロ解析」となる。

GAはマクロ解析に長けるツールであるので、ミクロ解析の詳細については、他のWeb解析ツールも併用して、「広い視野と深い視点で施策に繋がる解析」を心がけていきたい。

コラム｜コンテンツマーケティングがナゼ集客に効くのか？

■コンテンツマーケティングとは？

昨今「コンテンツマーケティング」という言葉を耳にする機会が増えているかと思いますが、「コンテンツマーケティング」が“Web集客マーケティングで最も有効な手段の一つ”と言える理由を解説したいと思います。

「コンテンツマーケティング」とは、読んで字のごとく「コンテンツをネタとして集客手段とする」という意図になります。その手法には、「バズ（口コミマーケティングの一種）を狙った、話題性をつくれる映像」を駆使するものもありますが、ここではWebサイトにおいて、ユーザーの検索意図に対して価値を提供できる、「ユーティリティ（役に立つ、利便がある）としてのテキストコンテンツ」を意図します。

つまり、ユーザーは何か情報を探しているからこそ、Webサイトを検索しており、その“答え”として、写真やテキストで情報提供を行い、ユーザーの問題&課題解決に繋がることが、Webサイトの存在意義として評価が高くなる……それがコンテンツマーケティングの狙いです。

■かつての施策が通用しない！昨今のSEO事情

自社のサイトを検索ランキングで高順位にするSEO対策において、「リンクをドンドン増やして行けば、無条件に順位が騰がる」という手法が通用したのは、"今は大昔"になってしまいました。昨今のSEO事情では、上質で信頼性のあるサイトからの外部リンクが存在するということも必要ながら、それ以上に検索で上位化したいサイトの質自体が問われるアルゴリズム（評価ルール）となりました。

その評価には、サイト内のコンテンツ量や、タグ構造が重視されることはもちろん、ユーザーの訪問数や滞在時間、更新性も含まれるようになりました。これは、「ユーザーの訪問が多く、滞在性に優れるということは、ユーザーの検索意図に対して、有益な情報提供を行っている優良サイトである。よってユーザーの検索に対し上位表示すべき」という理論に則っています。実に理に適った概念で、まさにユーザー目線の検索結果と言えますね。「Content is King（コンテンツ・イズ・キング＝直訳すると、コンテンツが王様)」というメッセージが有名になった通り、検索ランキング決定に主導権を握るGoogleの方針に、コンテンツマーケティングは適しているのです。

■コンテンツマーケティングによるロングテール集客

コンテンツマーケティングは、Webサイトの「ロングテール集客」を狙うアクセス資産になるのも有益な特徴の一つです。ロングテール集客とは、決して絶対的多数ではないボリュームながら、途絶えることなく長く収益に寄与する要素のこと。コンテンツマーケティングで言えば、「爆発的ヒットではないながら、公開以後も長く検索流入としてのランディングページとして機能するコンテンツ」となります。

「コンテンツマーケティングがロングテール集客のアクセス資産になる」とは、たとえば1つのサイト内ブログ記事で、月間100件の流入を呼び込めるページがあったとします。これは公開直後に100件ではなく、以後も定期的に……中長期にわたって安定的に毎月100件を意図しています。

1ページでは「たった100件」と思うかもしれません。でも、同様のページが10ページあったら、ブログコンテンツによる流入だけで1,000アクセス、50ページあったら5,000アクセスとなります。このように、コンテンツとは、中長期でアクセスを生み出していく、「集客資産」となりえるのです！

■「WordPress」がコンテンツマーケティングに強い理由

コンテンツマーケティング型のWebサイトを運用していく場合、私はブログシステムの「WordPress」を推奨しています。その理由は、制作会社に更新を依頼しなくとも、（予め更新できる設計にした要素を）自社で更新運用できる「CMS（コンテンツ・マネジメント・システム）」であること、オープンソースであるため、フルスクラッチでシステム構築をするよりも開発がリーズナブルに仕上げられること、プラグインが豊富でカスタマイズ手法が多彩であることが挙げられます。

そしてさらに、コンテンツマーケティングによる運用で、ブログ1ページを追加すれば、一定量以上のテキストとMETAタグ設定が前提とはなりますが、サイトページを1ページ追加したのと同等の評価を受けられるからです。つまり、WordPressによるサイト内ブログ機能でページを追加して、記事更新運用を継続すると、Webサイトが継続的にどんどん巨大化していく、ということになります。

この「WordPress」ですが、従来はオープンソースとして無料配布されているシステムをダウンロードして、自前で用意するサーバーにインストールを行って活用する。もしくはサーバーのプランによっては、ワンクリックで「WordPress」をインストールできる機能を持ったものも少なくありません。現在では、「WordPress.com」というドメインもあり、サーバーを持たなくとも、無料でWebサイトを構築・運用できるサービスも出てきています。

ただし、「WordPress.com」に限りませんが、こういう無料サービスやツールを利用することは、便利でリーズナブルな反面、「主導権はサービス提供側にある」ということを忘れてはいけません。提供側は何がしかマネタイズ（収益化）の目論見があるからこそ、無償提供を行うのです。そして、もし提供側がマネタイズに失敗して撤退する場合、それまでの運用データを移行するか、最悪の場合消滅する可能性もゼロではない、ということです。Webサイトをビジネス活用するのであれば、その運営には最低限のコストと手間は惜しまないようにしたいものです。

サイト内ブログには、SNSシェアボタンをぜひ設置しましょう。あなたが発信する情報が、ユーザーに気に入られれば、SNSでシェアされて、多くのユーザーに拡散されるチャンスが生まれます。つまりユーザーにとって価値のある情報を提供すれば、同様&共通の興味や課題・問題をもつユーザーに情報共有される可能性があるということ。これがソーシャル拡散型のコンテンツマーケティングです。偶発ではなく、意図的にこの“バイラル（口コミ）”を生み出していきたいものです。

ぜひ「WordPress」×「コンテンツマーケティング」を活用して、あなたのWebサイトをユーザーの“ユーティリティ”として活用して頂きましょう‼

●参考　「WordPress.com」 https://ja.wordpress.com/

第5章　Web集客に繋げるブランディング指南

本書の冒頭で、「Web集客のマインドセット」として、“Web集客マーケティングにおける心構え”を解説させて頂いた。「Web集客」という運用であり、プロジェクトにおいて、大切になってくるのは、「ブランディング」……すなわち「ブランドづくり」という考え方であると捉えている。Webサイトにおいて、ブランドが機能している効果として

・競合よりも優位に立てる可能性が大きくなる
・価格で比較されづらくなる。高価格戦略が通用しやすくなる
・売り込みの必要がなくなる。ユーザーから指名されるようになる
・ユーザーが、そのブランドを使っていることに優位性すら感じる
・ブランドが光っていると、バイラル（口コミ）が機能しやすくなる　など

上記にも挙げられるようにWebサイトがブランド化することで得られるメリットは絶大と言える。

ブランディング論については、さまざまな概念が述べられているが、私は生涯スポーツとして取り組んでいる波乗り（サーフィン）から学べる“ブランドづくりの礎”や、“ビジネス哲学”は思慮深いものがあると捉えている。本書の「巻末ブランディング指南」と銘打って、「Web集客に活かす波乗りブランディング」をお届けしよう。

356｜Web集客に活かす波乗りブランディング その1

●準備リサーチと潮時の大切さを知る

筆者が四半世紀ほど取り組んでいる「波乗り（サーフィン）」には、Web

集客やブランドづくりに活かせる哲学がたくさん存在するので本書のエンディングテーマとしてシェアして行きたい。

まず波乗りおいて欠かせないのが、コンディションの予測や情報収集、そして準備活動だ。これは、事業においても、自分が手掛ける市場規模を調べる、流行を調べる、競合を調べるなど事前マーケティングの精神が全ての基本となる。インターネットが主流の今、情報を制するものがまず優位に立てることは言うまでもない。

そして海において多くの日は、1日に2度、干潮と満潮がやってくる。その潮の動きをチェックしておけば、おおよそ波の良い時間帯は予測できる。潮の良い時間帯に合わせて波に乗ることが大切だ。決して潮の良くない時間帯に波に乗って、潮の良い時間帯に休憩している、ということがないように。ブランド創りにおいて、そのマーケットでいつ打って出ればビジネスに勝機があるのか、逆に打って出るべきでないタイミングはいつなのか。潮の良い時、芳しくない時……つまり参入＆休息・撤退の時期も含めてタイミングは重要となる。

357｜Web集客に活かす波乗りブランディング その2

●潮流を読み、しっかり見分けて行動する

同じサーフポイントでも、その時々により、潮流（波乗り界ではカレントと呼ぶ）の方向も速度も違うものである。特に沖出しの離岸流が早い場合は、中級者以上でも注意が必要なことがある。逆に、この離岸流をうまく使えば、ゲッティングアウト（崩波＝ブレイクする波の沖合にでること）も容易に行うことができる。カレントをよく見切ることが上達と安全を確保した上でのチャレンジへの近道となるのだ。

Web集客＆ブランド創りにおいても、市場トレンドや流行を読み取り、その流れをうまくつかむことが重要。トレンドと逆の流れを取ることで勝ち取れるニッチ市場もなきにしもあらずだが、多くの場合はリスキー

となる。流行の最先端を走る、ないし自らが流行をつくりだすことができれば大きなビジネスチャンスとなる。

358｜Web集客に活かす波乗りブランディング その3

●Right Place Right Time（その時そこに居ろ）

少しでもチャンスがあると思えば、動いてみる行動力が大切。波があるのか、ないのか。波質が良いのか、悪いのかは、現場で自分の目で確かめなければ分からないこと。良いコンディションの時には、逃さずその場所にいる。その時、その場所に居るためなら、万難を排す。

柔軟かつ用意周到な姿勢は、ブランド創り＆ビジネスにも役立つ。とにかく事前準備とリサーチを万全にし、商機があるとみるや、動いてみる。時にはチャンスは向こうから巡ってくる時もある。成功のためには、幸運を引き寄せる力も大切な要素。Webにおけるビジネスに限ったことではないが、「売りやすいときに売る」というのは商売の鉄則だ。“時合と地合い”は決して逃さず、少しでも優位にWebビジネスを手掛けたい。

359｜Web集客に活かす波乗りブランディング その4

●強みを活かせるポジショニングをキープする

自分よりもうまいサーファーばかりが多い集団の中で波を待っていても、美味しい波にはなかなか乗れないもの。若干波質は劣っても、空いているポイントでライディングをすることで、かえって楽しく波に乗れるケースは多々ある。

ビジネスにおいても、自社が優位に立てる場所でトップ・ブランドを磨いていくのが成功への近道。かの有名な「ブルーオーシャン戦略」もこの考え方に基づいている。競争が激化しているレッドオーシャンでしのぎを削るよりも、ニッチ市場において独占的なビジネスを行うほうが、遥かにビジネス効率も高く、収益も大きなものになる。

特にWebにおけるビジネスにおいては、競合の打ち出し方やポジショニングの手の内が分かるという特性がある。せっかく競合の手の内が分かるのだから、徹底的に分析して、自社の強みを最大限に活かせるポジショニングをキープしたい。

360｜Web集客に活かす波乗りブランディング その5

●「One Wave, One man」（1つの波に乗るサーファーは1人）

波乗りには「One Wave, One man」という国際的な絶対ルール＆マナーがある。たとえほぼ同時に波に乗ったとしても、優先度の高いポジションのサーファーに波を譲らなくてはいけないのだ。先述のプレイスメント＆ポジショニングによって、より優先度の高い優位なポジションを獲ることも大切だが、他者よりもイチ早いテイクオフ（波に乗り始めること）が何よりも大切。

ビジネスにおいて、「先行者利益」ということがある通り、イチ早くブランドを打ち立てるのが有利であるし、その先行者ポジションによって、信頼のブランドとなり、高価格戦略が通用する裏付けともなる。

361｜Web集客に活かす波乗りブランディング その6

●ボードを当て込むリップ（波頭）を見定める

波乗りには「Off The Rip（オフ・ザ・リップ）」という技がある。波のボトム（一番低い場所）から、ボトムターンによって波のフェイスを駆け上がり、波が崩れる波頭（これがリップと呼ばれる波のセクション）に一瞬でボードを当て込み、また次のセクションへとボードを走らせて行くアクションだ。ライディングの基本でもあるが、波乗りの最大の醍醐味でもある。

自社ブランドの目指すべきゴールはどこなのか？　その命題探しは、「Off The Rip」で、自分が当て込むリップを見定める行為によく似ている。ブランド創業の想いやビジョンをしっかり持つことは大前提だが、さらに目指すべき成果ゴールもしっかり持つことで、ブランドはより堅実なものになる。より高い成果をあげるには、しっかりとしたブランド戦略を持ち、ブランド認知や販売、集客の戦術としてWebサイトでのプロモーションや、メールマガジンなどで成果に繋げていこう。

362｜Web集客に活かす波乗りブランディング その7

●自分のボードとライディングを信じる

波乗りにおいて、「メイク（成功）できるかどうか自信がない」という迷いがあるライディングは、ほぼ100％失敗すると言って過言ではない。メイクしたとすれば、それは“まぐれ”となってしまう。「絶対にメイクできる」その揺るぎない自信こそがメイクの秘訣なのだ。自分の相棒であり武器であるボードと、練習してきた自分のライディングを信じきる事が良いメイクを生むのだ。

ブランド創りにおいても、迷いはブランド迷走のもと。自社で打ち立てたコアを武器として信じ、自分が磨いてきたブランドを信じることで、よりエッジが立って行く。「自らを信じると書いて自信となる」の精神は、ビジネス経営でも大きな支えとなるはず。

自らのブランドや商品の価値をユーザーに自信を持って伝えられるWebサイトを作り、プロモーションに当たりたい。

363｜Web集客に活かす波乗りブランディング その8

●Go for it！ チャレンジ精神の大切さ

波乗りに限らず、スポーツにおいて、失敗を恐れずチャレンジする精神は大切。例え失敗したとしても、端からトライしなかったことと比べれば、サーファーとして比べ物にならないほど評価は高いし、一つの経験となる。失敗の積み重ねで、自分の体が感覚を覚え、いつしか成功に繋がるものだ。

ビジネスの精神やWebマーケティングでも同じことが言える。チャレンジをし、それが失敗に終わったとしても、何も行動を起こさなかったことよりも、素晴らしいこと。これは起業家の間でよく伝えられる精神でもある。とにかく思い付いたら、リサーチを行う。リサーチを行って、商機・勝機があるなら、戦略をしっかり練ったうえで準備し、打って出てみる。その行動力こそがブランドの原点となる。

ただし闇雲なチャレンジは、大切な資源と時間を浪費することになる。「人・金・物」のリソースを有効に活用するには、勝算の裏付けを立てられる事業計画が必要となることは言うまでもない。

364 | Web集客に活かす波乗りブランディング その9

●己の力量を知る

前項目の補完的な考え方・精神であるが、チャレンジする勇気と、無暗にチャレンジする無謀は、全く異なる性質の行動であることは知っておかないと命取りになるのが波乗りの世界。自分を信じることは大切であるが、過信まで行きすぎてはいけない。自然の大きな力の前では、人間の力など無力に近いほど小さなもの。謙虚な姿勢を持ちながらも、自分にできる最大限のチャレンジをするバランス感覚が重要。

新規事業や、起業の場合、そして新規でのWebマーケティングやポジショニングでは、「己の力量を知る」という精神は大切だ。この精神を忘れて、無謀なチャレンジや放漫経営でせっかくのブランドを台無しにする経営者は少なくない。再起できないほどの怪我を負わない、リスクヘッジを用意するなど、生き残る算段は忘れずに。

365 | Web集客に活かす波乗りブランディング その10

●ボードは自分が見ているほうにしか曲がらない

不思議なもので、ボードスポーツに共通していることだが、乗り手の人間が見ている方向にしか、ボードはカーブして行かないものだ。「左にカーブしたい」と思えば、左に視線をリードする必要があるし、「右に行きたくない」と思っても、右を見てしまうと右に寄ってしまうのだ。絶えず自分が進むべき方向と進路を視続けることが必要なのだ。

全てのブランド創りやWebビジネスにおいて、自らが進むべき道はしっかり見据えておくことが必要。成りたいブランドを目指し、それに向かって全力で努力すれば、いつしかそれは結果としてついてくるはず。常に前と上を向く。その向上心こそがブランド創りの精神だ！　ポジティブな精神から好結果は生まれるもの。私Tigerはそう信じている。

コラム｜Webプロデュース＆集客マーケティング事例

■コンテンツマーケティングにより90日でCVが約30倍へ――「森工芸社」様

http://morikougeisha.com

森工芸社様のWebサイトは、当社でのリニューアル制作から約2年が経過し、私の前著『Web集客が驚くほど加速するベネフィットマーケティング「ベネマ集客術」』でも事例としてご紹介しました。公開から約90日で、お問い合わせのコンバージョンが約30倍にも伸びた大成功事例です。

森工芸社様の集客マーケティングでの成功要因は、一つは検索対策がマッチして、多くの見込み顧客企業にリーチできたこと。そして「木材加工日記」と銘打って展開しているブログコンテンツによって、流入ユーザーを増やせたことが挙げられます。

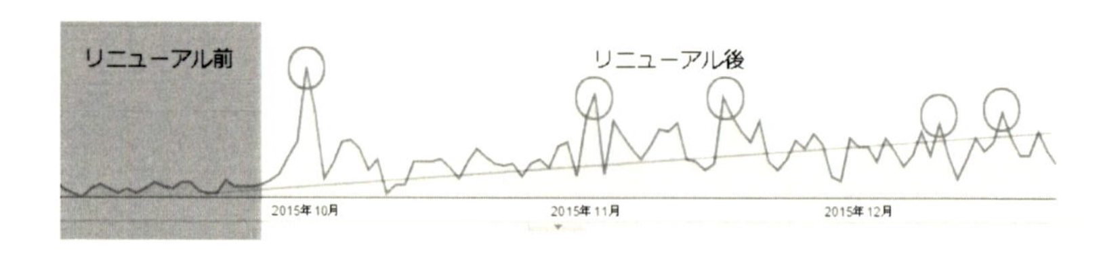

こちらが、リニューアル直後のセッション数の様子です。最初のピークはリニューアル直後。森工芸社様に、取引先各社様へFAXでのWebサイト・リニューアルをお知らせ頂いたことにより、初動を作ることができました。その後の連続したピークは、ブログコンテンツアップにより作ることができています。

そのブログコンテンツの中には、コンテンツアップ直後のみならず、公開以後も中長期にわたりユーザー流入を獲得している「ロングテールキーワード」として機能している記事も生まれました。ブログの「ロングテールキーワード」、いわば“ヒットコンテンツ”を生み出すことは、セッション数やPV数の向上に大きく寄与します。

たとえば、1つの記事で、公開以後も継続的にランディングページとして月間100件のセッションを獲得できるブログコンテンツが生まれたとします。1ページでは、「たった月間100件」と思うかもしれませんが、同レベルの記事が10ページあれば、そのブログ記事群だけで流入が月間1,000セッション、100ページあれば、同10,000セッションということになります。つまり「ロングテールキーワード」を生み出せるブログコンテンツは“アクセスを生み出す資産”と表現することができます。サイト内ブログを活用したコンテンツマーケティングは、“右肩上がりの積み上げ型集客マーケティング”である背景には、こういった仕組みがあるのです。

GA（Googleアナリティクスの略称）に紐付けたSearch Consoleの検索クエリを見ても、問い合わせにつながりやすいクエリで流入している様子が分かりますし、その問い合わせコンバージョンのユーザーに、問い合わせてくれた理由を会話の中から引き出してもらうと、結構な件数で「集合写真があるので、皆さんの表情がわかって、この会社なら任せられるという安心感があった」という主旨のお答えが多いそうです。これはまさに、狙い通りの展開でした。

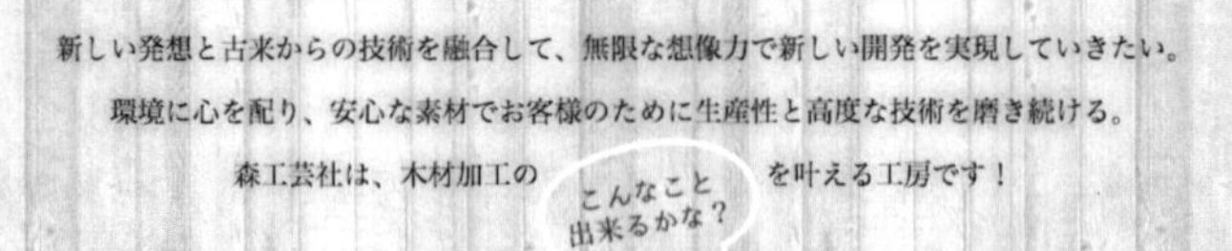

小さな木材加工工房だからこそできること。

培った広いネットワークから、お客様のオーダーにあわせて資材調達を行い、ご要望の部材に加工して迅速に納品。ご満足いただける多種多様な製品 作りを心がけております。NC 加工設備をはじめ、多数の木材加工専用機械を揃え、各種木製試作 品や配電盤の基板製造、大規模な舞台装置や木型、そして家具用の小さな部材まで、お客様の ニーズとウォンツに応えて参ります。小ロットでも、他社では困難な加工でも…貴社のアイデアをかたちにする木材加工工房、それが森工芸社です。

こんな企業様は是非ご相談ください!!
木材・資材調達 → NC加工 → 塗装 → 組立て → 施工まで全工程に対応

FV（ファーストビュー＝ユーザーが最初に目にするサイト画面領域）の直下に、企業コンセプトやユーザーへのメッセージを掲載し、締めくくりに社長をはじめ職人の皆様が自信に満ちた笑顔で写っている写真を掲載しています。

会社……すなわち法人とは、人の集まりです。そして会社対会社の取引であっても、その多くは人対人のお付き合いになります。よって、「自分たちがどんな人たちと取引するのか？」は、大切な企業情報になります。まさに“信頼の第一歩”というわけですね！　この理論に基づき、弊社では企業間取引のBtoBサイトを制作する場合には、経営者の写真はもちろん、スタッフの皆様の集合写真やスタッフ紹介のコンテンツは積極的に掲載して頂くようにしています。「ビジネスなのに歯が見えるような笑顔写真はカジュアルすぎるのでは？」という意見もたまに聞かれますが、確かに適さない業種もありますが、笑顔から伝わる安心感は絶大であると、私は考えています。そして、コンサルタントの立場としても、

GAなどのツールから取得できるオンラインデータだけでなく、クライアントからヒアリングするオフラインデータを集める努力は大変重要である、とお伝えしておきます。フォームだけでなく、電話やFAXも貴重なコンバージョン。ぜひリスト化するなど、データ集積に努めたいですね。

このように、リニューアル以後、コンバージョン成果が大きく伸長した森工芸社様ですが、リニューアル以後の全ての要素で順風満帆であったわけではなく、想定外の事象も少なからず発生しました。特に、今回のリニューアルでは「プロ業者専門と思われがちな木材加工工場ではなく、個人の方も利用できる木材加工工房として親しんでほしい」との想いから、“敷居を高く感じさせない”を重視しました。そもそも、「工場」ではなく「工房」と名乗るのも、「工場だと無機質な生産性をイメージするが、工房だと職人の手を介した手作り感をイメージできる。そんな温かみのある仕事を提供したい」という想いからでした。その効果もあって、問い合わせが一気に増加したのは良かったのですが……ユーザーが“個人ならでは”の事象が発生したのです。

たとえば、アポイントもなくホームセンター感覚で来社してしまう。まだ見積りも詳細ヒアリングも済んでいない状態で、加工希望の物品を送ってきてしまう。休業である日曜日に来社してしまうなど……。ユーザーにも影響があるこういったケースを避けるためにも、営業情報については特に目立つヘッダーでアピールしたり、お問い合わせフォームの冒頭には「はじめてのお客様へお願い（特に個人のお客様へ）」という留意メッセージを掲載することで、“ちょっと困るケース”はずいぶん減少したようです。

そして、ヒアリングシートの内容を、サイトリニューアル後につかめたユーザー傾向から、より企業側ならびにユーザー側双方に利便性の高い内容にブラッシュアップして、ファーストコンタクトから正式受注・着手に至るまでのプロセスを簡略化できたことも、コンサルティング運用から得られた成果と言えます。まさにPDCAサイクル運用が生み出した成果ですね！

対個人ではなく、対企業のコンバージョンも大きく飛躍しました。具体的な企業名を出せないのが残念なくらい、読者の皆様もきっとご存知であろうナショナルクライアントや外資系企業からの問い合わせ・受注が継続し、"うれしい悲鳴"状態が続いているとのことです。NDA（秘密保持契約）の都合で、ブログに掲載できない案件がほとんど、という要素が、ちょっと手痛いですが（笑）。

このように、クライアントが想定した以上に、大きな集客成果を挙げることができた森工芸社様のWebサイトリニューアル。数字的な成果もさることながら、大幅に増加した受注に対応するべく、スタッフ様も増員して、さらに高度な加工技術に対応できるNC加工マシンを導入できたという実績も大きいです。現在、第二工房の開設を準備中であることも、ご盛業の大きな現れで嬉しい限りです。森工芸社様が自社の業績を拡大しただけでなく、雇用を創出し、経済循環の一端を担えたのは、価値があることだと捉えてます。Web集客が上手くいく、ということは、企業としての社会貢献に繋がるということですね!!

■ファーストビューにサービスの強みを集約――「城北通信サービス」様

http://www.jyohoku-tsushin.co.jp

城北通信サービス様のWebサイト・リニューアルでは、FV（ファーストビュー）の作り込みに、特に注力した事例です。FVを構成する要素には、ヘッダー、グローバルナビゲーション（メインメニュー）、そしてKV（キービジュアル＝イメージ画像）が配置されるのが一般的なWebサイトの構成になります。

ヘッダーでは、ロゴや企業名称、所在地や連絡先、お問い合わせフォームへのバナーボタンを設置すると、BtoBサイトではコンバージョンに繋がりやすくなります。

所在地は、会社概要ページにのみ記載されるWebサイトも見かけますが、ヘッダーにもぜひ掲載したいものです。それは、「果たしてこの企業が、自社の拠点や営業エリアと合致するのか？」という商圏マッチングの観点から重視される情報だからです。遠隔地で取引が成り立つ業種やサービスも少なくないですが、打ち合わせも含めて、商圏エリアが近くないと進めづらい業種も、もちろんあります。見込み顧客である訪問ユーザーが、サイト初訪問時のFVで商圏チェックをできるのは、必要な配慮と言えます。連絡先や問い合わせフォームがFVにあるのも、コンバージョンを確保するための必須施策です。

KVでは、イメージ画像とともに、キャッチコピーが掲載されるのが、一般的です。複数の画像を、数秒で切り替えて見せるスライドショー形式も多用され、これは、ビジュアルでイメージを伝えやすい業種や商品サービスで有効な手法と言えます。

城北通信サービス様の場合、主力は通信回線工事・電気工事になるので、そのイメージや工事品質の証明は、なかなかビジュアルで伝えにくい要素と言えます。よって、ビジュアルで企業イメージや魅力を伝えることよりも、「どんな強みがあるのか？」「どんな企業の要望に応えられるのか？」「どんな独自ポイントがあるのか？」という優位性をテキスト訴求する手法を採りました。

企業間取引の場合、プロセスによって担当が交代するケースも多々ありますが、自社での経験からも、担当者間の引き継ぎが良好でなく、もどかしいケースが多々ありました。また、「この連絡は誰にすれば良いのか？」など、ひどいケースの場合、“たらい回し”にされることもあり、「1社1担当制」は顧客にとって利便性も高く安心感に繋がります。また、返品保証や返金保証など……城北通信サービス様の場合は、「競合の見積もりよりも高ければ価格調整」というベストプラン＆ベストプライス保証という形で、ユーザーにとって「保証」があるのは強い決め手となります。

そして、通信環境が一時不通となる可能性がある工事では、企業にとっ

て土日夜間対応が可能、というのは大きなメリット。これらの強みをFVに盛り込んでテキスト訴求として打ち出しました。

KVをビジュアルイメージではなく、テキスト訴求で打ち出すためには、文字要素が多くなる分、デザインにメリハリをつけないと見づらくなり、好結果を生まないので、デザイン力が問われるところです。

スタッフ様のプロフィール紹介では、出身や趣味も掲載しています。一見、ビジネスと直接関係がないようですが、取引先企業の担当者様とのコミュニケーションで大きな効果を発揮することがあります。

コミュニケーションを深めるための手法として、心理学用語で「ラポール構築」という概念があります。ラポールとは、簡潔に言えば「信頼関係」です。仕事とは関係ないシーンでも、たとえば同じ趣味の人や、応援しているスポーツチームが一緒だと、不思議と親近感を覚えてしまうケースはご経験があると思います。何もゆかりがない人より、何がしかの共通の接点や共感できる要素がある人のほうが親近感を覚えるのは、人間の当然の心理でしょう。これは、ビジネスシーンにおいても効果は絶大で、たとえば、ちょっと珍しいエリアが出身地で、相手方が同郷だった場合、その話から親密度が急接近するのは間違いないですね。特に、見込み顧客の商談相手が経営者である場合、経営者の方針や、時に一存で取引が決まるケースも少なくないため、成約への第一歩と言っても過言ではありません。商品サービスの質や価格が同等なら、気の合う、相性の良い担当さんが取引相手になる方が、会話も弾んで何事もスムーズですからね。

Webサイトの事例ではありませんが、名刺に飼っているペットの犬種を書いておいたら、商談相手様のペットも同じ犬種で話が盛り上がって、最終的に成約になったという事例もありますので、スタッフ様のパーソナル情報は、実は大きな武器となるケースがあります。

パーソナリティもさることながら、やはり表情は人柄や仕事力をあらわす大切なスケール。企業や提供する仕事の信用力を向上させるためには、妥協のない表情撮影を手がけたいものです。

城北通信サービス様では、収益の柱を強化するべく、取り組み事業の中でブルーオーシャンを狙える事業を、今後LP（ランディングページ）を新設して、新たに集客マーケティングを展開予定。さらなる成果が楽しみです！

■ユーザーからのリアルなウォンツを訴求力へ！――「下田聚楽ホテル」様

http://www.jyuraku.com

下田聚楽ホテル様は、黒船が来航した下田湾を一望できる好立地にたたずむ純和風ホテル。2016年に経営がオーナー親族間で継承となり、それに合わせて経営スタイルやプロモーションも刷新するべく、Webサイトもリニューアル制作する運びとなりました。

経営効率の観点から、それまでの「部屋出し料理」を撤廃し、館内を大幅に改装して、大レストランを新装。「喰海（くうかい）」と銘打ち、バイキング料理を名物とする“大舵きり”を敢行しました。この大英断は、新社長がもう一軒、M&Aにて成功を収めた、南房総にて経営する「グランドホテル太陽」でのバイキング料理の実績・ノウハウに基づき、その成功事例をトレースしての経営戦略でした。

「バイキング料理にありがちな“とにかく量だけは納得できる”ではなく、“どの料理においても、一品料理としてご満足頂ける味わい”を目指して……」というコンセプトのもと、「夕食では常時60品目以上、朝食でも40品目以上」の豪華料理が、レストラン中央に一挙に並ぶ様は、まさに圧巻です。

Webサイトリニューアルにおいても、このバイキングレストラン「喰海」を「下田聚楽ホテル」様の“売り”としてアピールするコンテンツ設計を軸としました。やはり、伊豆・下田の御料理ですから、主力メニューとなるのは海の幸。当然、KV（キービジュアル）には、名産の金目鯛をはじめとする舟盛りや、豪華なバイキング料理の写真カットを配しました。

ホテルや飲食店のWebサイトをデザイン設計する場合、肝となるのは、想定コア・ユーザー層に、「(価格面含めて) どれくらいのレベル感・敷居感なのか？」を感じ取っていただくこと。あまりに期待値が高すぎても、かえって逆効果を生むこともあり、また敷居を下げすぎても、ブランドの品位や客層を落としかねない。だからこそ、クライアントとディスカッションし、経営方針・ブランディング戦略を引き出しながら、その方向性に準じたクリエイティブに落とし込むバランス感覚が必要となります。

今回、バイキングレストラン「喰海」を新設するにあたり、顧客ターゲットに見据えたのは、顧客年齢層を従来よりも下げることで、口コミまで含めた"新しい集客チャネル"を採り入れていくこと。その経営戦略に対して、デザインでは「高級感よりも親しみやすさ」を前面に打ち出すことで合意となりました。

特に印象的だったのは、キャッチコピーの策定ディスカッション。普段は東京暮らしであるプロデューサーである私の捉え方としては、やはり"伊豆ならではの海の幸推し"を当初前面に掲げていました。ところが、ディスカッションの中で聞かれたのが、育ち盛りの男子連れのファミリー層からは、「美味しく新鮮な海の幸を楽しみたいのはもちろんだが、食べ盛りの子供のためには肉も食べたい」という"ウォンツ"が、少なからずの声として聞かれるということ。そのウォンツに応えるべく、ステーキとして十分通用する品質の肉をスライスして、本格焼肉のメニューを並べています。

これは正直、自分の"海辺旅行"に対する価値観では盲点であり、まさにユーザーの"生の声"であると、思考を軌道修正しました。コアユーザーのウォンツが、Webサイトに掲載されてユーザーに刺さってこそ、はじめて「このホテルに泊まってみたい」のコンバージョン意欲に繋がるわけですからね！

バイキングレストラン「喰海」では、各テーブルに無煙ロースターが完備され、サザエや蛤が焼き放題、という何とも豪華な「海鮮浜焼き」をメインに据えつつも、本格焼肉バイキングも楽しめる、という「下田唯一の温泉宿」という独自性を訴求コピーに掲げました。

コンテンツ設計で、特に留意したのは、「ユーザーが欲しい情報はすぐ見られる」という、導線の簡潔さと、旅行の臨場感を、自分のイメージに重ね合わせ合わせられる……すなわち、Webサイトを閲覧することで、自分や家族が“旅の主人公”として、楽しい時間を旅行雑誌を眺めている感覚で連想できる、という紹介媒体作りを重視しました。Webサイトを見ているうちに、まるでその場にいるかのような疑似体験をできる……そんなイメージ提供が理想です。

バイキングレストラン「喰海」の御料理イメージはもちろん、「人」にフォーカスして、楽しく女子会旅行を過ごしている姿、子供達が楽しそうに“自分で”バイキングを選んでいる姿を、コンテンツ・シナリオに盛り込みました。

ホテルや飲食店にとって、オフィシャルWebサイトは、“オンライン・パンフレット”と表現すべき媒体です。集客導線のきっかけは、旅行ポータルや広告媒体だとしても、数店舗比較するための判断材料として、オフィシャルWebサイトがチェックされるケースは多いはずです。

ホーム > 下田聚楽ホテルの魅力

下田聚楽ホテルの最大の魅力は、何と言っても“非日常な食”を感じて頂けるレストランにございます。
「3世代のご家族がご一緒頂いても、皆様が楽しめる」を目指しております。

大広間での共有レストランでありながらも、ご家族やご友人が、「皆様だけの食卓と時間」を楽しめるように、卓の距離感には最大限の配慮を工夫致しました。

また、食材・自慢の御料理選びのシーンで「選びやすさ」が特に大切となるファミリーのお客様向けに、水槽やバイキング・テーブルは、お子様でも目が届きやすいよう、「見渡して自分自身で選べる楽しさ」を感じて頂ける「お子様でも快適な高さ」を心がけました。

「一泊では味わいきれない」を提供することで、皆様の「また一緒に来たいね！」を笑顔で語り合って頂ける…そんな時間をお届けしたいと願っております。

そういった広告媒体経由でのご予約だけでなく、オフィシャルWebサイト経由でのご予約も増えてきているのは、Webサイトが自社の集客資産として機能している証で、成果に繋がっていると言えます。伊豆下田観光の繁忙期ならずとも、週末に限らず「満館御礼」に寄与できているのは、Web集客マーケティングの効果と言えますね！　今後の益々の御盛業が期待できそうです。

■間接競合を見据えつつ、ベネフィットの本質に迫る！——表参道パーソナルトレーニング「evergreen」様

http://www.evergreen-omotesando.jp

ここ数年、従来よりも健康志向が意識されるようになり、糖質制限などの食生活改善とあわせて、フィットネスやトレーニングがちょっとしたブームを迎えています。ライトなボディビルディングを競うコンペティションも認知が広まってきていますし、街に24時間オープンのフィットネス・ジムも増えて、シェアを競い合っている様相です。

トレーニングに対して、手軽な感覚とコスト感を持っているライトユーザーは、施設型のフィットネス・ジムを利用するケースが多く、もう少しコスト感を持ってしてでも効果を出したい、もしくは取り組んでいるスポーツなど、何か目的があって本格的なカラダづくりにトライしたい、というユーザーには、マンツーマンでトレーナーが指導にあたる「パーソナルトレーニングジム」が人気です。

私は、ウインドサーフィンというスポーツにおいて、本格的なコンペティション活動もしていましたので、施設型のフィットネス・ジムの経験もありますが、やはり自分自身のカラダの調子やバランスを見ながら、的確なトレーニング指導と食事コントロールをアドバイスして頂ける「パーソナルトレーニング」は、効率的で成果も大きいと実感しています。

表参道にてパーソナルトレーニングを指導する「evergreen」様は、30代後半から40代の女性、年齢的な代謝も含めて痩せづらくなってくる層に特化したジムです。

「ダイエット&トレーニング」というジャンルには、特に「ベネフィット・マーケティング」の概念は活きてきます。「痩せる」「身体が引き締まる」という物質的な効果のみならず、「着られなくなった服が、もう一度着られるようになる」「ボディラインが引き締まることにより、自分に自信を取り戻せる」という副次的な効果……つまり身体が変化したこと

により、自分自身が幸福体験をできる「ベネフィット」を享受できるからです。

そんなユーザーのウォンツや、パーソナルトレーニングに期待するインサイト（目標や興味）、そしてパーソナルトレーニングの成果によってユーザーが享受できるベネフィットを、スライドショー・スタイルのKV（キービジュアル）に落とし込みました。

競合を策定するにあたって、そもそもトレーニングに対する考え方や、トレーニーに対するアプローチ、指導方法が異なるので、大手有名パーソナルトレーニングジムは、競合の主軸として捉えず、「商圏エリアにあるパーソナルトレーニング個店をメインの競合として、どう抜きん出るか？」を主軸にターゲティングを行いました。

その際に、意識したのが、「間接競合」の存在です。「evergreen」様の「直接競合」は、言うまでもなく大手や個店を含めたパーソナルトレーニング、次いで施設型のフィットネス・ジムとなります。これらの直接競合を利用する層は、「ジムで鍛えてカラダを引き締めたい」「ジムでトレーニングしてダイエットをしたい」という明確な“ジム”軸でのインサイトがあります。インサイトが明確な分、「自分にはどのジムが合っているか？」という角度で比較サーチを行う、「顕在層」中心のユーザーであると言えるのです。

一方、「間接競合」では、女性特有の「美しく綺麗になりたい」「方法までは具体的に考えていないがダイエットして痩せなきゃ、とは思っている」という「潜在層」まで意識しなくてはいけません。その潜在層ユーザーは、まだ具体的な自分のインサイト達成の手段を明確に決定していないので、ジムも連想はしますが、ヨガやピラティス、その他エクササイズ・スポーツ、さらにはエステなども視野に入っています。

よって、「直接競合の中でいかに抜きん出るか？」も、もちろん重点課題ではありますが、「間接競合を諸々視野に入れている潜在層や浮動層にどうリーチして見込み顧客教育を行っていくか？」もLTV（ライフタイムバリュー＝顧客の継続的な利用により得られる成果）の高い顧客囲い込みを行うキーポイントとなります。

その潜在ユーザーに好印象を与えるためにも、トレーニングジムのビジュアルにありがちな、「マシンを使って筋肉を鍛えている感」のある“いかにも”なイメージ訴求は避けて、清潔感と洗練さを盛り込みながら、「自分が美しさを手に入れて、心身ともに豊かなライフスタイルを過ごす」というイメージを連想できる訴求ビジュアルを目指しました。

「evergreen」様では、代表トレーナー・藤田英継氏が、東京大学大学院にて生命環境系身体運動科学を学ばれた、スポーツトレーナーの中では特異とも言うべきアカデミックな経歴をお持ちで、理論的なアプローチ・メソッドやコンテンツ力をお持ちです。今後の課題としては、「そのコンテンツ力を活かして、潜在＆浮動ユーザーを開拓するべく、いかにリーチできるか!?」がカギとなります。そのためには、サイト内ブログだけでなく、媒体としての読者層を有する外部ブログやSNSの積極活用＆情報発信が重点施策となります。

極論的ではありますが、人生の豊かさの源泉となるのは、言うまでもなく「心身ともに健康であること」が大前提です。一人でも多くのユーザーが、その健康づくり、美しさづくりをできる意識・環境に向かえることを願うばかりです。

■零細だからこその強みをコンテンツに活かし、SEMで集客拡大——「埼玉介護求人ねっと」様

http://saitama-kaigo.jp

「埼玉介護求人ねっと」様は、埼玉県の介護求人に特化し、就職・転職のサポートを行う"求人ポータル"サイト。Webサイト開設当初は、求人媒体のみで集客を行い、求職ユーザーのエントリー獲得単価が高めで推移しているのがお悩みでした。

Web経由での求職ユーザー囲い込みの集客チャネルを増加したいことと、極力エントリー獲得単価を下げていく2つの軸でWeb集客マーケティングのご相談を頂きました。まず当社で、ご提案したのはSEM（サーチエンジンマーケティング＝Web広告マーケティング）による集客を前提とし、一連のプロモーション施策を講じることでした。

SEMを仕掛ける場合、ユーザーが広告を閲覧して興味を持ち、リンクをクリックした際に到達するサイトページ……つまり流入口となるLP

（ランディングページ）が重要となります。

従来サイトでは、トップページで端的に求人案件の検索機能と新着情報があるのみで、「求人ポータルとしてどんな強味や特徴があるのか？」「ユーザーがこのサービス（サイト）を利用することで、どんなサポートや付加価値が得られるのか？」がユーザー視点で圧倒的に不足している状態でした。

弊社では、過去にも歯科衛生士の転職ポータルサイト「DHマイライフ」様にて、LP構築＋SEMの攻略でCVを大きく増加させた成功事例がありますが、その成功要因のキー戦略が「大手サービスが手掛けてない、零細だからこその付加価値サポートで訴求する」というもの。

具体的には、求職ユーザーは、まず大手の有名求人媒体や転職ポータルを想起し、目に触れることは、当然のユーザー行動です。しかし「有名だからユーザーにとって価値が高いか？」というと、そのイコールは成り立ちません。もちろん、有名媒体＆サービスで就転職が決まるユーザーも少なくないでしょうが、自分の理想の環境に巡り合えなかったユーザーや、大手だからこその対応やサポートに不満を覚えるユーザーも少なくないはずです。

そこで「零細だからこそ提供できる、対面式のマンツーマン就転職サポート」や「理想の環境をヒアリングし、自分に合った仕事環境に巡り合えるマッチング提供」という、「ユーザー目線での手厚いサポート体制と、就労後もケアしてくれる付加価値」は、ユーザーにとって意義のあるベネフィットに繋がります。

Webを訪問するユーザーにとって、その「サービスの魅力」「サポートの手厚さ」「求職ユーザー目線でのケア」が、コンテンツから伝わるかどうか？　……これがエントリーユーザー獲得の肝となるのです。

このように、ユーザーがWebサイトに訪問した際に目に入る「FV（ファーストビュー）」によって、「自分にとってどんなメリットがあるか？」「自分がどんな転職体験をできるのか？」という自分軸のイメージ……すなわち“自分事”として期待できるかどうか？　これがこのサイトでエントリーするコンバージョン意欲となるのです。

ただしSEM運用の場合、スタート当初から期待値ほどのCV（コンバージョン）を叩き出すのは困難であることも事実です。どうしても、CVには繋がりえない間違ったユーザーがクリックしてしまうケースや、効率の悪いキーワードも存在します。広告に細かいチューニングを重ねて運用していくことも大切ですし、サイト自体のコンテンツも結果に応じて改修していくことも必要になります。

本サイトでも、SEM開始1か月の状況を顧みて、期間経過中に広告チューニングを施して行ったことももちろんですが、「ヒートマップツール」の状況を見ながら、よりユーザーの訴求となるようなメッセージを盛り込み、サイト内の導線もエントリーに向かいやすいように調整して、コンバージョン精度は上昇してきました。

また広告の手法では、ソーシャルメディアやモバイルのタイムラインで記事と記事の間に出現する「インフィード広告」が功を奏しましたが、追客広告である「リマーケティング広告」もエントリー確保に寄与しています。

「リマーケティング広告（Googleでの呼称。Yahoo!ではリターゲティング広告）」は、一度Webサイトに訪問したユーザーが、他の検索行動や閲覧行動を行っている際に、自社のサイトへ誘導する広告を見せる手法。特に高額の商品サービスや、学校・スクールなど、「ユーザーが何がしかの利用需要は有りながらも、即決で成約しづらい商品サービス」での「比較検討期」に有効な広告なのです。求人ポータルサイトでも、「比較検討」は想定内ですし、複数のサイトにエントリーするユーザーも存在することでしょう。

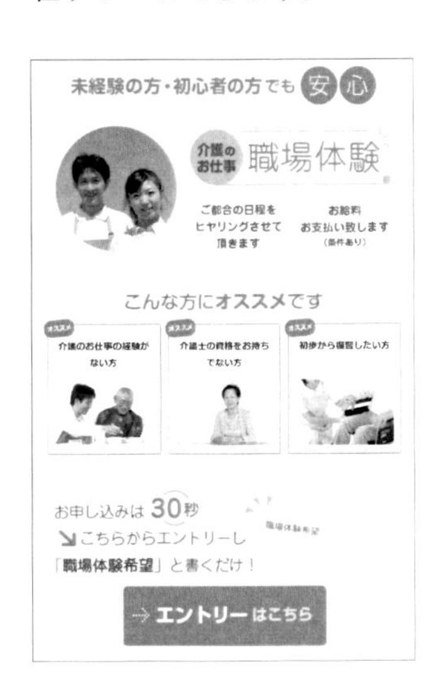

LP開設以後の新たな取り組みとして、「職場体験」の研修制度を採り入れたのも特筆事項です。「資格は持っているが現場経験がない」「事情

で離職していて、長らくブランクがある」など、「現場の仕事にしっかり従事できるか不安」という方も少なくないはずです。そういったユーザー向けに、職場体験研修を受けながら、しかも報酬を得られる制度をスタートさせました。これは求職ユーザーにとっては、大きな付加価値となります。

また、コンテンツマーケティングとして、「働く先を選ぶポイント」「お役立ち情報」というシリーズで、ブログコンテンツで介護業界での就転職で役立てられるナレッジも提供しています。訪問したユーザーが、サイト内回遊で閲覧することももちろんですが、検索ヒットで直接ブログページに流入するケースも増えてくることでしょう。多くの転職希望ユーザーが共通して持っている悩み……そういったインサイトに触れている記事は、検索クエリ（検索フレーズ）として入力されやすく、ページ自体がロングテールでのアクセス資産となりえるチャンスがあります。

このように、転職ポータルに限らずですが、Web集客マーケティングで大切なことは、「自社視点」ではなく、あくまでも商品サービスを利用して頂ける“お客様”である「ユーザー視点」で、そのユーザーの「自分事」をサイトに訴求すること、ユーザーのメリットを意識すること、そして商品サービスの提供の先に、ユーザーが得られる恩恵と付加価値……すなわちベネフィットを伝えることが肝要です。

Webサイトのリリース時は、あくまでも仮説に基づいた設計で構成されているもの。その仮説を最短で“正解”に導いて、ユーザーに問題・課題解決を促しベネフィットを提供すること。そしてその対価として「成果の最大化」を目指していくのが、PDCAサイクルでのWeb集客マーケティングです。

おわりに

いま思えば、本書の元になったメールマガジン『毎日1分！Web集客に効くツボ』は正直、「産みの苦しみ」でした（笑）。

なにせ365日分のコンテンツを、1つのテーマで、しかも「Web集客マーケティングに役立つ内容で、極力何年経っても古びない戦略思考を身に付けて頂きたい」という想いをこめて執筆するという大仕事……。半数である180日くらいの原稿はスムーズに書けたものです。経験から得たノウハウで、書きたいこと、伝えたいことを、1分で学んでいただけるように簡潔な短文にまとめて行けばコンテンツになったので。

後半戦では、思いついたことを書こうとして発行済みのリストを見ると「ほぼ同じことを書いたな……」という壁の連続でした。しかしタイトルにて「毎日1分！」と謳（うた）った以上は、365日分書ききらないと、男がすたります。自ら経営する社名も出しているし、ビジネス書の著者として、連載Webコラムを途中放棄するようでは、“商売あがったり”と自分に言い聞かせて、知恵と気力を絞りました。

365日分のメールマガジン・コンテンツを書き終え、私が活用しているステップメール配信システム「アスメル」に配信設定を終えた際の安堵感と爽快感は、今でも忘れることのできない達成感です。

メールマガジンを原型として2017年夏前に本書の出版が内定し、365日分の再編集と、新規コラムの書き起こし。その集大成として、1冊の書として、拙著第2冊目としてまとめ上げられたことは、また更なる達成感の至りです。

こうして、本編とコラムを合算すると20万文字近いノウハウ集として出版できた背景には、約8年に渡るWeb制作＆集客マーケティング事業を手掛けさせて頂いた、多数のクライアント各社様のご依頼や応援があったからこそ得られたノウハウ＆ナレッジが、言うまでもなくバックボーンとなっています。改めてこの場を借りて、弊社創業より御取引頂き、育てて頂いた各社様にお礼の言葉を述べさせて頂きます。

そして、今回も出版のチャンスを下さった版元であるインプレスR&Dの皆様に謝意をお伝えしつつ、何より本書を手に取ってくださった、読者の皆様へ。本書は、私がこれまでに経験し、培ってきたノウハウ&ナレッジを活用することで、更なるチャンスをつかんで頂ければ、という想いで筆をとりました。何か1つでも、皆様のお役に立てた気づきがあれば幸いです。ご高覧ありがとうございました！

2017年12月　旅で訪れている台湾・東海岸の小さな町にて

Tiger（松本大河）

著者紹介

Tiger（松本 大河）（まつもと たいが）

株式会社パイプライン　代表取締役　CEO/CMO。
Web集客ブランド創りの世界観プロデューサー。
Web集客マーケティングを軸に、士業や個人、零細企業のブランド創りを手掛けるプロデューサー。DTP黎明期、雑誌編集にてエディトリアル・デザイン＆コンテンツ・プロデュースに目覚め、Webのフィールドに進出。代表実績でも有名媒体のCM制作、上場企業の商品ブランディングまで幅広くプロデュース。国内に存在する「ウェブ解析士」1万人超の内、トップ１％のみが保有する「ウェブ解析士マスター」としても活動し、独特の感性でのクリエイティブと運用ノウハウで集客できる仕組みを構築。自著『ベネマ集客術』（インプレスR&D刊）ではAmazonランキングITカテゴリで１位を獲得。東京都職業訓練校のWebマーケティング講座テキストとして採用され、自らも同校で教鞭を執る。2017年度、中小企業庁委託事業「ミラサポ」公認IT専門家、経産省公認IT導入補助金支援事業者。
https://pipeline-dw.com/shukyaku/

◎本書スタッフ
アートディレクター/装丁：岡田 章志＋GY
編集：向井 領治
デジタル編集：栗原 翔

●本書の内容についてのお問い合わせ先
株式会社インプレスR&D　メール窓口
np-info@impress.co.jp
件名に「『本書名』問い合わせ係」と明記してお送りください。
電話やFAX、郵便でのご質問にはお答えできません。返信までには、しばらくお時間をいただく場合があります。なお、本書の範囲を超えるご質問にはお答えしかねますので、あらかじめご了承ください。
また、本書の内容についてはNextPublishingオフィシャルWebサイトにて情報を公開しております。
http://nextpublishing.jp/

●落丁・乱丁本はお手数ですが、インプレスカスタマーセンターまでお送りください。送料弊社負担にてお取り替えさせていただきます。但し、古書店で購入されたものについてはお取り替えできません。
■読者の窓口
インプレスカスタマーセンター
〒 101-0051
東京都千代田区神田神保町一丁目 105番地
TEL 03-6837-5016／FAX 03-6837-5023
info@impress.co.jp
■書店／販売店のご注文窓口
株式会社インプレス受注センター
TEL 048-449-8040／FAX 048-449-8041

ベネマ集客術式　毎日1分Web集客のツボ

2017年12月22日　初版発行Ver.1.0（PDF版）

著　者　Tiger（松本 大河）
編集人　桜井 徹
発行人　井芹 昌信
発　行　株式会社インプレスR&D
〒101-0051
東京都千代田区神田神保町一丁目105番地
http://nextpublishing.jp/
発　売　株式会社インプレス
〒101-0051　東京都千代田区神田神保町一丁目105番地

印刷・製本　京葉流通倉庫株式会社
Printed in Japan

ISBN978-4-8443-9806-6

NextPublishing®
●本書はNextPublishingメソッドによって発行されています。
NextPublishingメソッドは株式会社インプレスR&Dが開発した、電子書籍と印刷書籍を同時発行できるデジタルファースト型の新出版方式です。 http://nextpublishing.jp/